U0229040

匠心匠艺

Macramé

绳编

手工编织波西米亚风家居饰物

【瑞典】范妮 · 泽德尼乌斯（Fanny Zedenius） **著**
钱嘉祥 **译**

化学工业出版社
· 北 京 ·

Macramé，by Fanny Zedenius
ISBN 978-1-84949-940-8

Simplified Chinese edition arranged by Quadrille through Inbooker Cultural Development (Beijing) Co., Ltd.
First published in the United Kingdom by Quadrille in 2017.

北京市版权局著作权合同登记号：01-2019-6711

图书在版编目（CIP）数据

绳编：手工编织波西米亚风家居饰物/（瑞典）范妮·泽德尼乌斯（Fanny Zedenius）著；钱嘉祥译.--北京:化学工业出版社，2020.2（2025.1 重印）
（匠心匠艺）
ISBN 978-7-122-36028-1

Ⅰ.①绳… Ⅱ.①范… ②钱… Ⅲ.①手工编织-图集 Ⅳ.①TS935.5-64

中国版本图书馆CIP数据核字(2019)第289558号

责任编辑：林 俐 刘晓婷
责任校对：杜杏然
装帧设计：卡古鸟设计

出版发行：化学工业出版社（北京市东城区青年湖南街13号 邮政编码100011）
印 装：北京建宏印刷有限公司
889mm×1194mm 1/16 印张 9 字数 200 千字 2025年1月北京第1版第5次印刷

购书咨询：010-64518888 售后服务：010-64518899
网 址：http://www.cip.com.cn
凡购买本书，如有缺损质量问题，本社销售中心负责调换。

定 价：79.80元

目 录

绳编的魅力

在瑞典语中，“pyssel”一词用来描述各种创造性手工工艺活动，包括绘画、剪贴、缝纫、钩编、陶艺和串珠等。从记事起，我就痴迷于各种手工艺。小时候上学时我总是迫不及待要放学回家继续我的手工制作，我的课本上也画满了各种手工创作的草图。高中时，我开始给自己缝制衣服（是的，那时的我可能看起来有点荒谬），我甚至会把我的针线活儿带到学校，不用惦记家中的手工反而能让我在课堂上更加专注。每当我为考试和分数而焦虑的时候，手工总是可以转移我的注意力，让我放松下来，帮助我清楚地看待事物。

范妮 · 泽德尼乌斯（Fanny Zedenius）

人们常常问我是否会把自己的兴趣转变成职业，而不仅仅是作为一种爱好。对此我有自己的考虑，而且我无法只专注于一种工艺。2014年我在Instagram上注册了一个名为“Createaholic”的账户，并在上面发现了绳编艺术。从此我便爱上了它。我用家里能找到的所有的线，自学了关键的基础绳结。这一手工艺与我接触过的其他手工艺都不同，它的魅力让我欲罢不能。

绳编艺术到底有什么独特的魅力呢？就我自己而言，我喜欢它是因为除了双手以外，它几乎不需要任何工具。绳编有许多结法和技巧，甚至可以用一种结法做出不同创意的作品。更重要的是，无论我做了多少墙壁挂饰、盆栽吊篮或者捕梦网，我仍有取之不尽的设计和想法。通过简单地打结，将数种绳结组合设计，就可以创造出令人惊艳的作品。

此外，绳编是我接触过的最能让人放松身心的手工艺。当你用手打结时，并不需要像钩编和针织那样计算和检查每一步，可以任思绪飘飞。我会在结束8个小时办公室工作后，回到家继续编织6个小时。我的一生中从未感觉如此地身心放松。

上一代人提起20世纪70年代的绳编艺术，要么非常怀念，要么希望它再也不会流行起来。然而，我们现在看到的现状是绳编在家居装饰中广受欢迎。绳编已经无处不在了，而且这种趋势还在蔓延，人们对学习绳编艺术充满渴望。这本书正是我向人们推广绳编艺术的一种途径，它将教授你关于绳编的基础结法和进阶技巧，以及各种绳结组合的可能性。我希望你能像我一样，在绳编中找到乐趣！

本书的使用方法

无论是零基础的新手，还是有过一些绳编经验的人，这本工具书都将助你开启全新的绳编之旅。如果你是新手，我建议你从绳编的秘密这一章开始读起，然后在作品这一章中找一个简单入门的盆栽吊篮或者墙壁挂饰进行尝试。当你开始尝试制作作品的时候，可以参考基础结法这一章中的步骤说明。如果你已经有了一些绳编经验，想尝试进阶的作品，你可以尝试作品这一章的后半部分，或者可以学习图案样式这一章，将其应用到作品中。

下面是对本书各个章节的介绍。

第1章　绳编的秘密

本章介绍了绳编可能用到的各种材料和实用的工具。另外，对于刚接触绳编时可能遇到的一些常见问题，在这里也可以找到答案。

第2章　绳结

本章介绍了34种基础绳结，并提供了详细的制作步骤和图解说明，包括每种绳结所需绳子的参考标准。在绳编作品的设计和制作中，你会发现这些基础技法非常关键。

第3章　图案样式

本章提供了7种基本的图案样式，图案样式是由各种基础绳结组合而成，可以直接应用在作品中。每种样式都提供了详细的制作步骤和图解说明。本书中没有提供相应的尺寸标准，因为这些样式可以根据需要做成任何尺寸，满足不同的作品创意。

第4章　作品

本章精选了21个作品，分为盆栽吊篮、墙壁挂饰、捕梦网和其他家居饰品四大类，提供了绳编装饰的新思路。

本章所有的作品都提供了相应的文字步骤和图解说明。很多读者更愿意通过直观的图解进行制作，需要说明的是，图解会根据作品的尺寸和复杂程度有所差异。对于尺寸较大的墙壁挂饰，会展示成品图，绳结只做标注，而不展示连接绳，因此需要注意观察图示中结点的数量。

作品中会详细说明使用的绳子类型以及尺寸。绳子按照位置做编码，最左边的是1号绳。每完成一步，绳子需要重新编码，从而保证1号绳永远是在最左边。当然你也可以尝试其他类型的绳子，但是一定要记住作品尺寸是由绳子决定的，如果使用更粗或者更细的绳子，作品大小将完全不一样，制作同样大小的作品，细的绳子需要用到更长的绳子。另外作品大小还会受到绳结松紧度的影响。如果倾向使用紧密的绳结，就需要增加绳子的长度。总体来说，刚开始的时候，你需要准备比自己预想更多的绳子！

斯德哥尔摩的公寓里，范妮的盆栽吊篮沐浴在阳光下

第1章
绳编的秘密

我热爱绳编的一个重要原因是它真的非常简单易学，但与此同时，又可以不断尝试拓展，塑造自己的风格。作为一个新手，感到不安是很正常的，只有经过反复练习和不断试错，才能真正掌握打结。下面我会给大家提供一些自己的心得体会作为参考。

材料

选对材料对于绳编至关重要，因为不同的材料制作出来的作品差异很大。可以通过尝试不同的材料塑造自己的作品风格。

绳子

理论上任何材质的绳子都能用来制作绳编，不过最常用的还是棉绳、麻绳、黄麻绳、布条线或者涤纶绳。其中，棉绳尤其受到绳编设计师的偏爱。尽管任何一种绳子都可以用来打结，但还是要根据作品的实际情况进行选择，如作品是要挂在室外还是室内，是否存在被打湿的风险等。总的来说要根据实际需求选择合适的绳子。

另外需要考虑绳子的制作方法，辫绳不容易磨损，捻绳更容易磨损。最后还需要考虑绳子的粗细，粗绳可以创作令人印象深刻的大型作品，细绳可以创作复杂精细的小型作品。

吊环

吊环常用于制作盆栽吊篮。无论何种材质的吊环，只要足够承受植物的重量即可使用。个人而言，我更喜欢木质或者铁质的吊环。

配饰

无论是盆栽吊篮、墙壁挂饰，还是窗帘、灯罩，都可以使用珠子或者其他配饰做一些创意的小装饰！

支撑杆

任何挂饰在制作的时候都需要一根杆子或棍子作为支撑杆，支撑杆可以是任何材质，木杆、金属管等均可。

圆环

制作捕梦网、灯罩等作品时需要用到金属环和木环。与绳子相结合的圆环线条更加优美。

工具

有些工具对于绳编是必需的，而其他工具可以让编绳更轻松。下面介绍一些常用的绳编工具。

卷尺

卷尺用于测量绳子的长度。

剪刀

剪刀是裁剪绳子最基本的工具。

胶带

胶带用于缠绕绳子末端，可防止磨损。我更喜欢纸胶带，因为它不会在绳子上留下任何痕迹。

S形挂钩

S形挂钩可以用来固定作品，但不需要太多。

晾衣架

晾衣架可以使绳编工作更加轻松。任何类型的晾衣架都可以，高度可调的更方便一些。当然，类似晾衣架的物品也可以，比如窗帘导轨。

钩针

当需要把珠子穿在绳子上，或者把绳子穿过空隙、绳结时，钩针会非常实用。

钳子

需要调整绳结时，可以使用尖嘴钳。比如某个绳结太松，可以用钳子抽紧绳结，必要时还要调整相邻的绳结。

刷子

一把好的刷子可以让绳线末端呈现出美丽、蓬松、柔软的效果。我个人更喜欢使用宠物美容刷。

如何找到合适的绳子

对于忠实的绳编爱好者来说，这是迄今为止最令人沮丧的问题，因为优质的绳子真的很难找。如何找到好的绳子是绳编设计师们最关心的问题。

开始制作之前，可以去当地的工艺品店或者其他同行那里看看，或许能找到许多不同材质的高品质的绳子。

如果对作品有更高品质的要求，而且想要制作大型的作品，这时就需要大量的绳子和便宜的供应商。专门销售绳子的供应商通常更倾向于销售航海用绳，但也可能销售一些手工用绳。此外，网上也有很多售卖绳子的。

还有一种渠道就是直接去工厂选购。但是一些工厂只接受批发，不接受零售。如果是这种情况，可以咨询批发商。

如果你在网上选购，可以试试搜索这几个关键词：绳子、绳索；特定绳粗，2.5mm、4mm、6mm；辫绳、捻绳、编织绳、窗帘线；特定材料，棉绳、麻绳、黄麻绳。

如何制作大型墙壁挂饰

大型的墙壁挂饰其实并不难做，只是需要打更多的结，花更多的时间。下面会给出一些小贴士，应对大型墙壁挂饰制作过程中可能出现的问题。

如何选择合适的支撑杆

大型绳编作品通常都非常重。最糟糕的事情莫过于制作完成后，支撑杆却断了。所以，在选择支撑杆的时候一定要确保它能承受作品的重量。

如何确定所需绳子的数量

所有绳编作品所需绳子的数量完全取决于作品的设计尺寸和绳子的粗细。例如，如果计划做一个100cm×100cm的壁挂，在下剪刀之前，先思考下面几个问题。

在作品中，是大面积使用绳结，还是仅少量使用绳结

如果计划在整个平面中大面积使用绳结，那么所需的绳子长度约为设计尺寸的5倍（如果作品图案非常复杂，可能需要更多）。如果计算得出绳子需要5m长，但由于绳子连接到支撑杆上时会对折使用，所以每条绳子需要至少10m长。但是，如果作品图案非常简单，绳结之间彼此分离，而且有很多区域没有绳结，那么绳子长度或许只需设计尺寸的2倍即可。

在作品中，哪些部位需要更多的绳结

例如希望墙壁挂饰的中间部位多一些绳结，那么，作品中间部位与其他部位相比就需要更长的绳子。

如何巧妙地使用长绳

当制作大型墙壁挂饰时，不可避免会用到许多长绳。为了防止这些绳子缠绕在一起，可以把绳子卷起来打个结，或者用橡皮筋扎起来。在使用长绳时，这种方法非常实用。而且如果绳子太长，穿绳子会浪费很多时间。

如何处理墙壁挂饰中的卷结

如果打算在壁挂上增添卷结（丁香结），需提前规划好位置。假如在大片区域内连续使用卷结，会消耗很多填充绳。尤其是在制作大型作品时，如果把填充绳剪成和其他绳子同样的长度，最终填充绳会比其他绳子短很多。比如，如果作品尺寸是100cmx100cm，且在作品中横向设计了一排卷结，那么填充绳长度一定要多裁出100cm。

选择多粗的绳子

和2.5mm粗的绳子比起来，6mm粗的绳子肯定无法在相同的区域中容纳同样数量的绳结。绳编并非精密的科学问题。前期只需要知道绳子越粗意味着越少的绳结，反之亦然。经验会让你的估算越来越准确。

如果发现某个地方编错了该怎么办

我喜欢绳编的一个原因是，如果某个地方编错了也可以重新再来。只要还没有剪断绳子，总是可以重新开始。在制作大型作品的时候，当发现最开始就编错的时候，一定会非常沮丧。很抱歉，只能解开重新再编。或者，接受这种小瑕疵，并把它视为一种特色。

磨损

对于绳子末端的磨损，有时不希望它出现，有时又希望能磨损得更快一些。一件成品，有无流苏花边看起来效果是完全不同的。避免绳端磨损的方法很简单，但是要快速做出磨损效果的绳端就没那么简单了。它需要一些时间和耐心，但确实非常引人思考。

如何防止绳子磨损

最简单的方法就是选择辫绳。辫绳几乎不会磨损，而捻绳会更容易磨损。如果你使用的是捻绳，而且不希望绳子末端磨损，裁剪完之后，把所有的绳子末端都粘上胶带，等作品完成之后，再小心地把胶带取下来。为了保证作品绳子不磨损，还可以在绳子末端打结，比如反手结（见12页）或者筒结（见19页）。

如何快速让绳子磨损

如果你想要流苏花边效果，可以选择捻绳，因为这种绳子更容易磨损。但是无论使用何种绳子，都必须将绳子末端解开，从而加速磨损。对我而言，最简单的办法就是反方向拧绳，让缠绕的每一股绳子都散开。一旦散开以后，迅速用手指梳理，直到绳子不再缠绕。最后用细刷从下往上把所有的纤维分开。

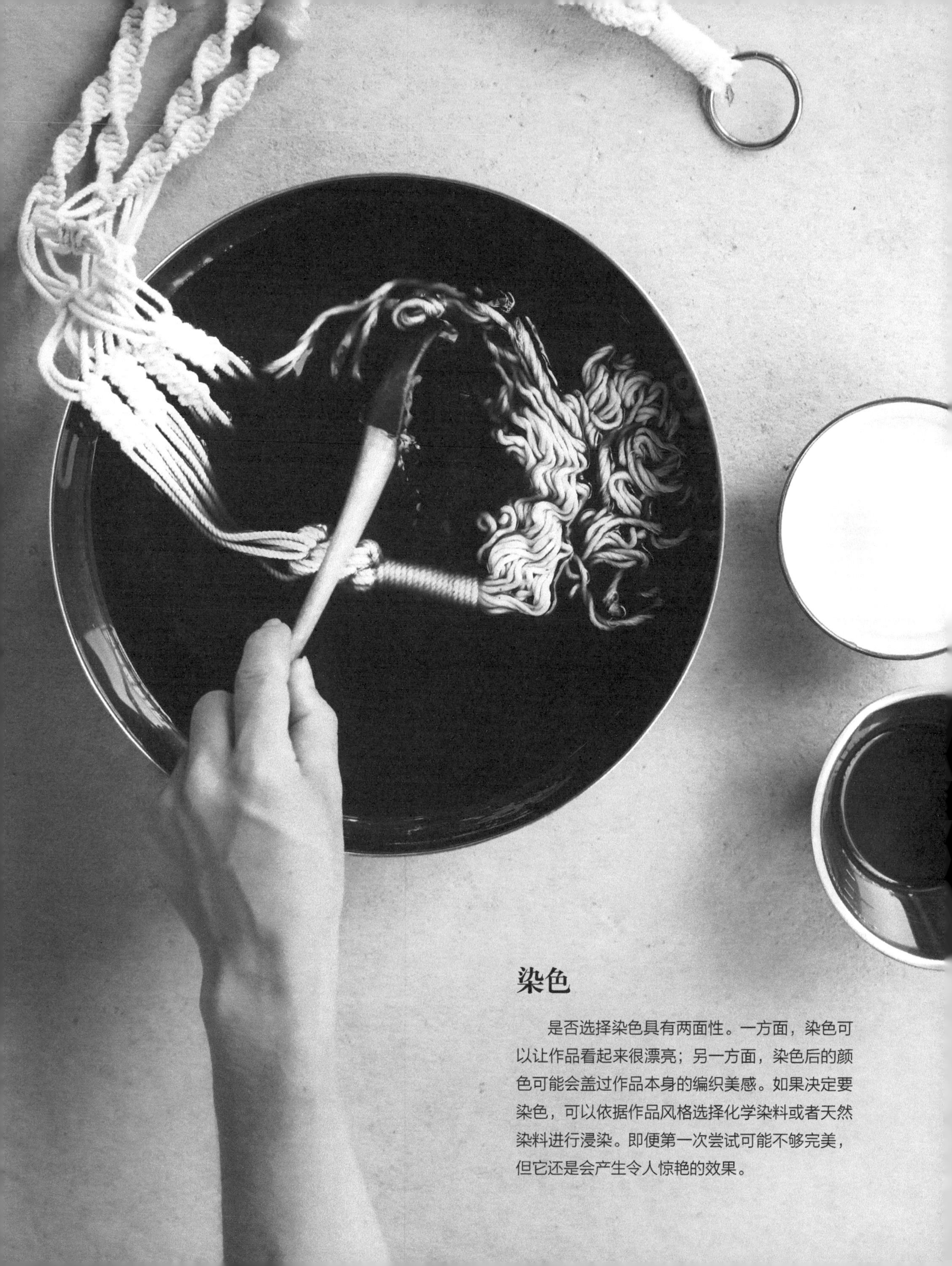

染色

是否选择染色具有两面性。一方面，染色可以让作品看起来很漂亮；另一方面，染色后的颜色可能会盖过作品本身的编织美感。如果决定要染色，可以依据作品风格选择化学染料或者天然染料进行浸染。即便第一次尝试可能不够完美，但它还是会产生令人惊艳的效果。

善待你的身体！

这句话听起来可能有点荒谬，但是从事绳编工艺真的会损伤身体，尤其是长时间工作的时候，因此要好好照顾自己的身体。

绳子磨伤、水泡和肩痛对绳编爱好者来说非常普遍。虽然我非常热爱这项手艺，但有时也不得不停下来休息一下，恢复体能。

专注于绳编时，可以做些什么尽可能善待身体呢？下面是我用的方法。

① 打结时使用创可贴甚至戴手套来保护手指。

② 为了避免长时间弯腰或站立造成的不适，可以根据作品进度调高或降低支撑杆。

③ 经常切换站姿和坐姿。

④ 休息一下，做一些简单的拉伸运动。

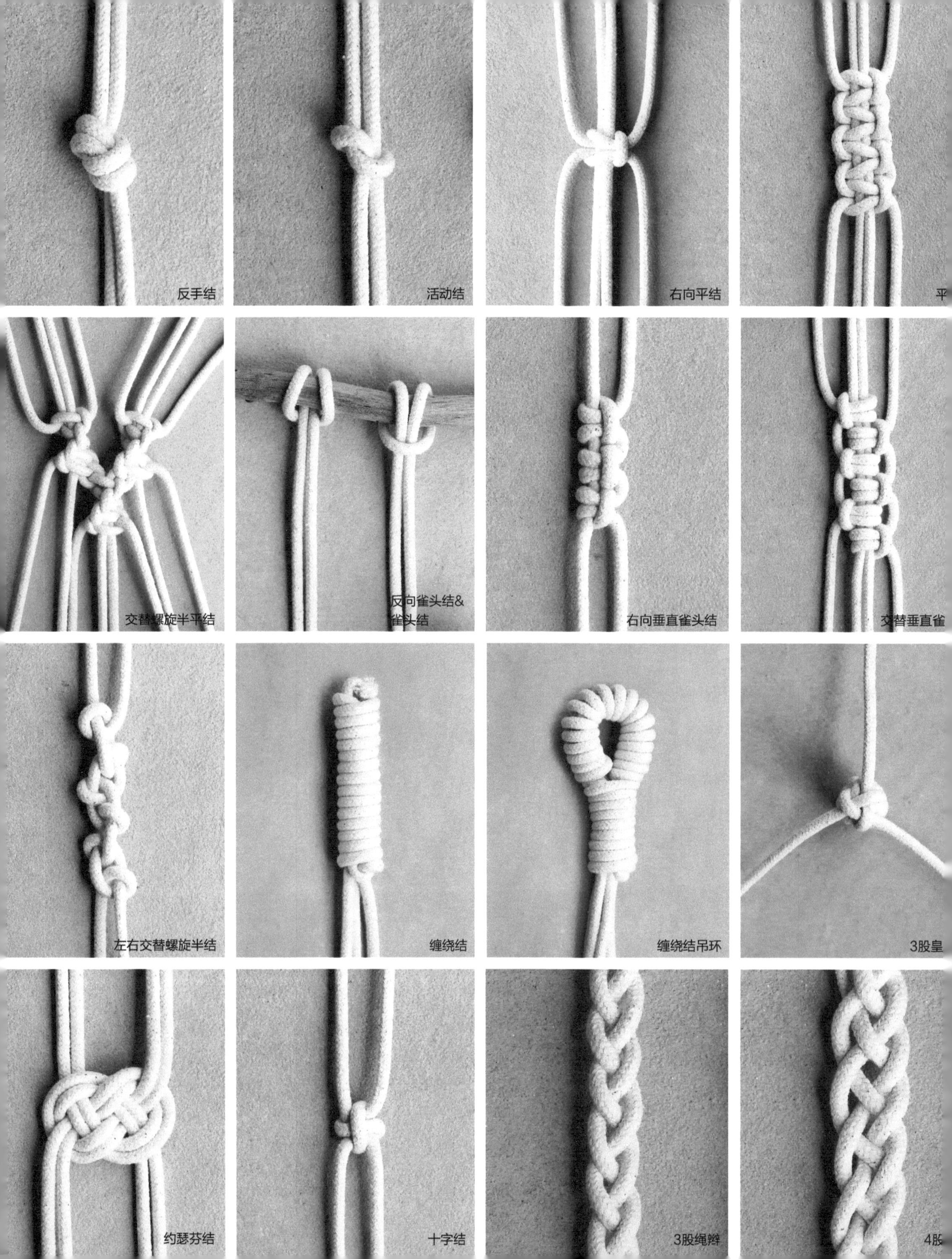
反手结
活动结
右向平结
平
交替螺旋半平结
反向雀头结&
雀头结
右向垂直雀头结
交替垂直雀
左右交替螺旋半结
缠绕结
缠绕结吊环
3股皇
约瑟芬结
十字结
3股绳辫
4股

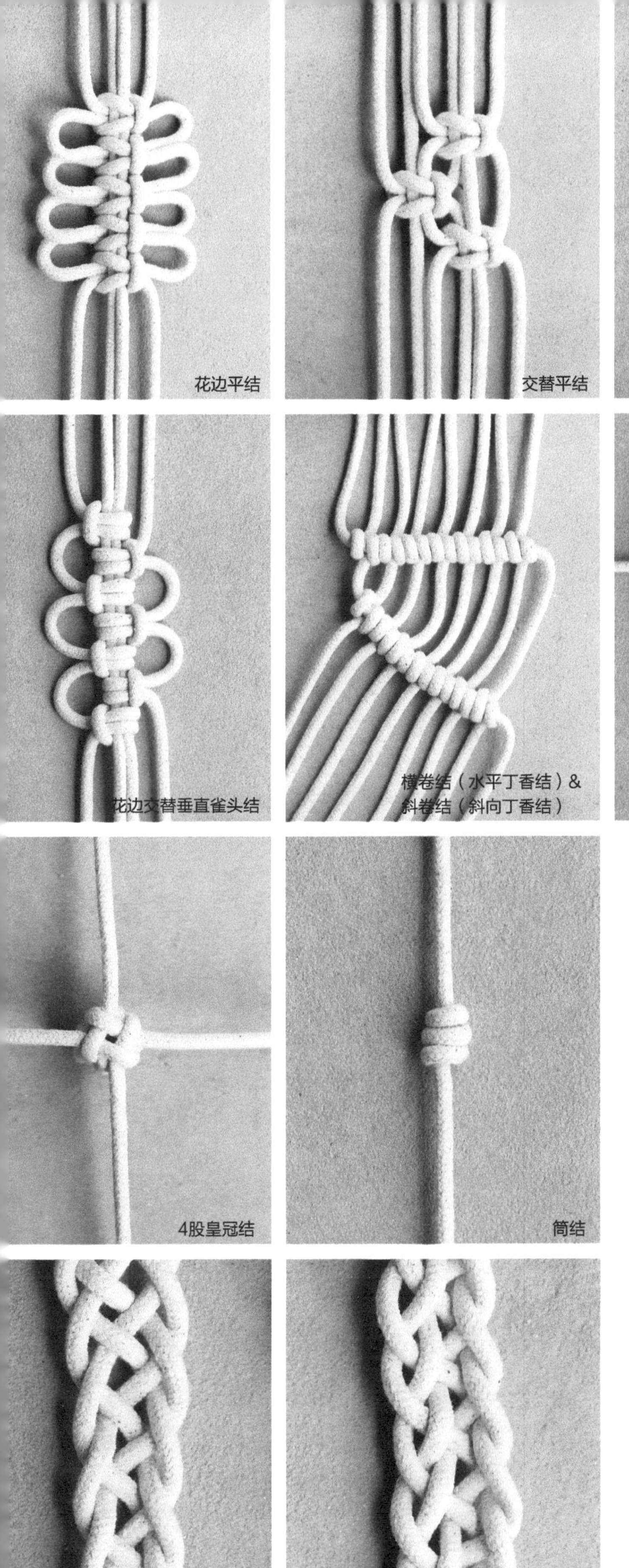
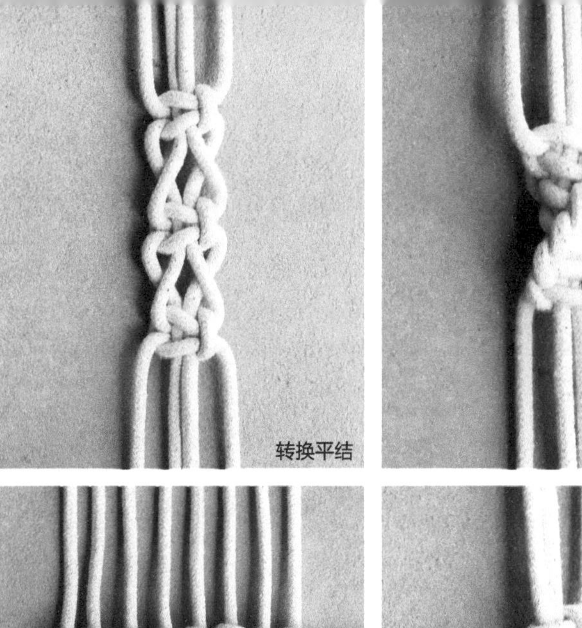

花边平结

交替平结

转换平结

右旋半平结

花边交替垂直雀头结

横卷结（水平丁香结）&
斜卷结（斜向丁香结）

竖卷结（垂直丁香结）

右螺旋半结

4股皇冠结

筒结

5股绳辫

6股绳辫

第2章 绳结

本章共计展示34种基础绳结。绳编工艺的核心就是这些简单的基础绳结，学会基本的平结、卷结（丁香结）和雀头结等，就掌握了绳编的入门技法。再学习一些半平结、半旋转结、约瑟芬结和皇冠结，就能制作出非常精妙的作品了。只要学会本书中所有的绳结，你一定可以成为一名绳编专家。

捆绑结（Bundling knots）

绳编作品通常会用到大量的绳子，可以将未使用到的绳子打结卷起来，既可以防止绳子缠绕在一起，保持绳子整洁有序，又能避免两端磨损。这时就要用到捆绑结。

反手结（Overhand knot）

反手结可以非常轻松地将任意数量的绳子捆绑在一起。

步骤1　把所有绳子握在一起绕一个绳环，绳子一端穿过绳环。
步骤2　拉动绳子两端扎紧绳结。
步骤3　反手结制作完成。注意不要把绳结拉得太紧，因为当后面需要用到这些绳子的时候，还需要解开绳结。

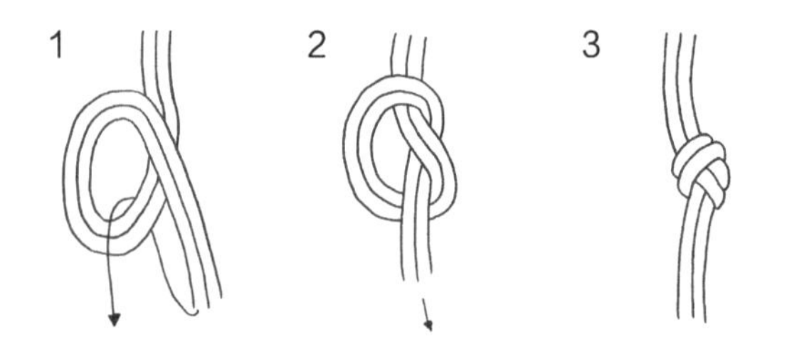

活动结（Slipknot）

活动结，也称活结、收纳结，是一个小而简单的结，可以把任意数量的绳子固定在一起。

步骤1　从所有绳子中选出一条作为固定绳，将固定绳在其他绳子上绕一圈，然后将其一端穿过绳环。
步骤2　通过拉动固定绳，把绳结扎紧。
步骤3　活动结制作完成。同反手结一样，不要把绳结扎得太紧，因为后面还需要再解开绳结。

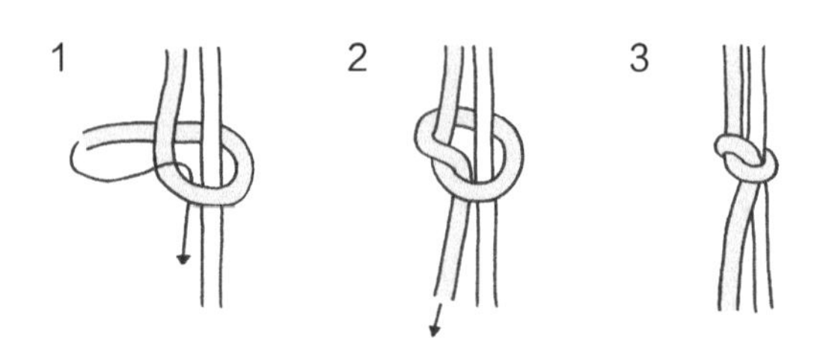

平结（Square knots）

平结通常由中间的2条填充绳和两边的编织绳制作而成。根据打结的顺序，绳结可以朝左，也可以朝右。平结是绳编作品中使用频率最高的一种打结方式，在大多数图案样式中都会用到。通过改变填充绳和编织绳在平结中的排列方式，可以制作出网状结构。

每个绳结所需绳子长度是成品的4~6倍。

右向平结（Right-facing square knot）

右向平结会在绳结的右侧形成一列垂直突起。左向平结与右向平结的打结方式相同，但是呈镜像对称。制作左向平结时，可按照右向平结的说明进行操作，只需左右调换A绳和B绳即可。

步骤1　B绳向左压住白色的填充绳，形成一个绳环，并放到A绳后方。
步骤2　把A绳绕到中间2条填充绳后方，从后向前穿过B绳形成的绳环。向右轻拉A绳，同时向左轻拉B绳，始终保持填充绳垂直。
步骤3　B绳向右压住填充绳，在A绳后方形成一个绳环。将A绳绕到填充绳后方，并穿过绳环。
步骤4　左右拉动A绳和B绳系紧绳结，同时保持填充绳垂直。

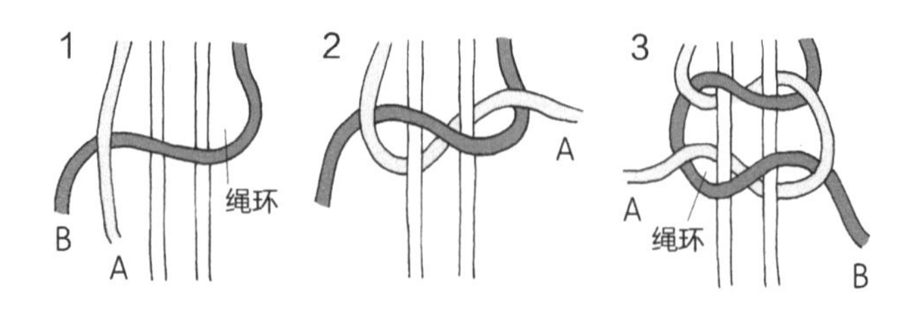

平结绳（Square knots sennit）

平结绳常应用在盆栽吊篮制作或手链编织。填充绳的数量没有限制，但最常用的是如图中所示的2根填充绳。

步骤1　以右向平结或者左向平结（见上文）开始编绳。
步骤2　把平结一个接一个连续排列下去，就会形成一条平结绳。如果以右向平结开始，那么直接重复右向平结即可。左向平结亦然。

步骤3　左右拉动编织绳系紧绳结，同时保持填充绳垂直。重复步骤2和步骤3，直到达到所需的长度。

小贴士　在编绳过程中，要想知道接下来该从哪一条绳子继续，需要找到最后一个突起后的绳子。在步骤3图示中，最后一个突起是在左侧，所以接下来需要使用左边的绳子继续编织。

检验编绳中每个绳结是否拉到同样松紧度的一个方法就是，编绳的前后面是否完全相同。

1
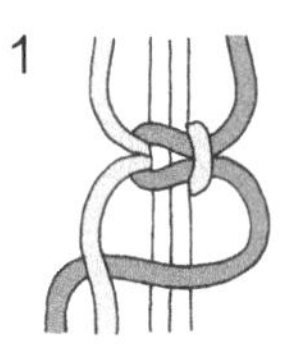

2
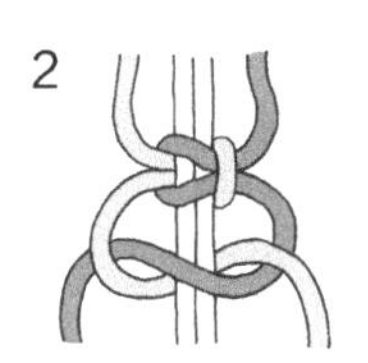

3
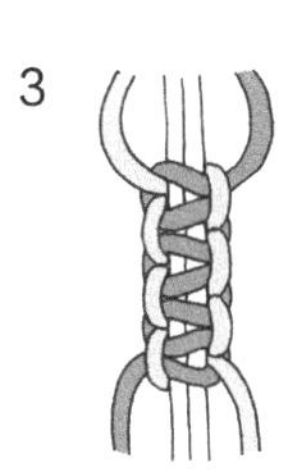

花边平结（Picot square knot）

花边平结就是在平结绳的两侧都做出环状的装饰花边。

步骤1　编织数个平结，每个结之间留出相等的间距。间距越大，装饰环就越大。

步骤2　一只手拉直填充绳下端，另一只手将所有平结向上推。绳结之间保留一些距离，形成一系列装饰环。

步骤3　或者可以把平结推紧，完成一个经典的花边设计。

1
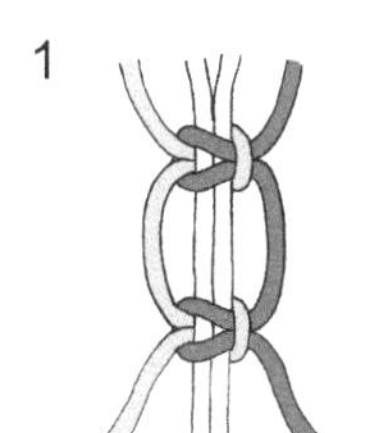

2
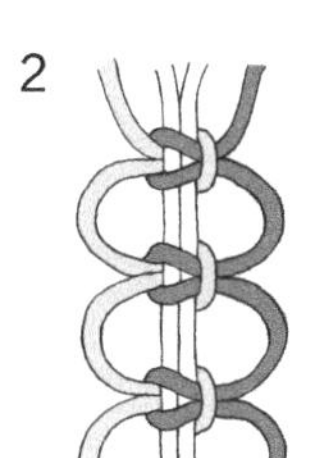

3
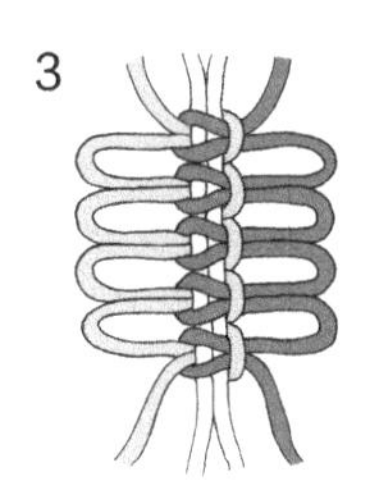

交替平结（Alternating square knot）

数排平结交错排列可以形成一种网状结构。

步骤1　编织一横排平结。在编织第二横排时，将每个相邻平结的编织绳放在一起用作填充绳，同时把左右相邻的填充绳用作编织绳，使第二排平结和第一排平结交错排列。

步骤2　系紧绳结，第二排平结可以靠近第一排平结，形成一个紧密的网；也可以远离第一排平结，形成一个疏松的网。

步骤3　继续交替使用各排平结的编织绳和填充绳。

1
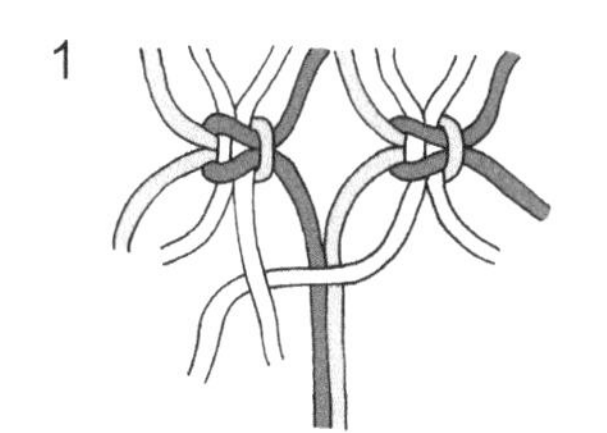

2
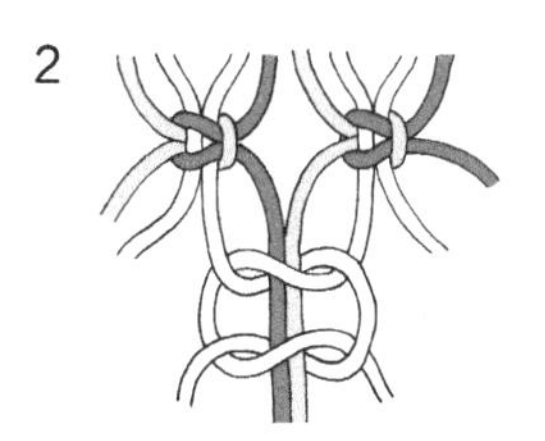

转换平结（Switch knot）

制作装饰性的转换平结，需要在每个平结之间不断转换编织绳和填充绳，意味着所有绳子都会被同样程度地利用起来。

步骤1　编织好第一个平结之后，将编织绳从上方移到填充绳中间作为第二个结的填充绳。

步骤2　第一个结的填充绳现在已经成为第二个结的编织绳。

步骤3　重复上述操作，每编一个结将填充绳和编织绳转换一次。注意绳结间保留足够距离，以展示出装饰性的图案。

1
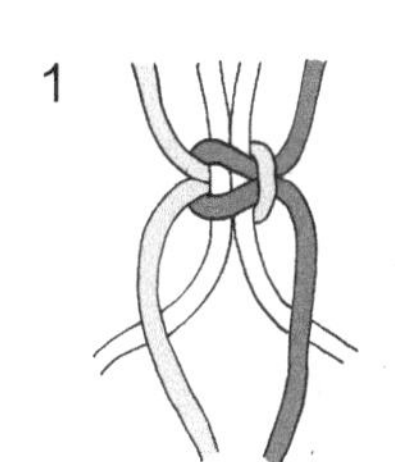

2
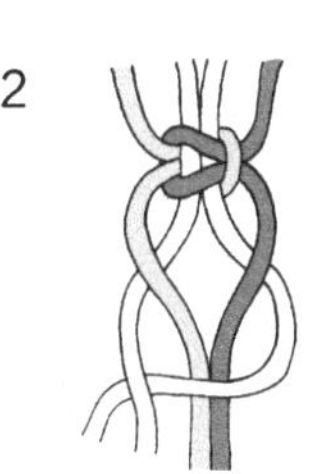

3
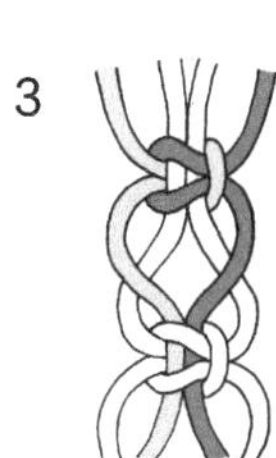

右旋半平结（Right–twisting half square knot）

半平结也叫螺旋结，经常用于编织各种装饰性图案。右旋半平结是通过反复编织半个右向平结完成。如果要编织左旋半平结（Left–twisting half square knot），重复编织半个左向平结即可。

步骤1 B绳向左压住填充绳，形成一个绳环，并放到A绳后方。将A绳绕到填充绳后方，从后往前穿过绳环。向右轻拉A绳，向左轻拉B绳，同时保持填充绳垂直。

步骤2 A绳向左压住填充绳，形成一个绳环，并放到B绳后方。将B绳绕到填充绳后方，从后往前穿过绳环。确保绳结保持同样的松紧度，前后面看上去相同。

步骤3 不断重复步骤1和步骤2，螺旋结就制作完成了。螺旋结是旋转的，因此当绳结转过了180°之后，原来的“背面”就变成了现在的“正面”。如有需要，可以拉直填充绳并向上推紧绳结。

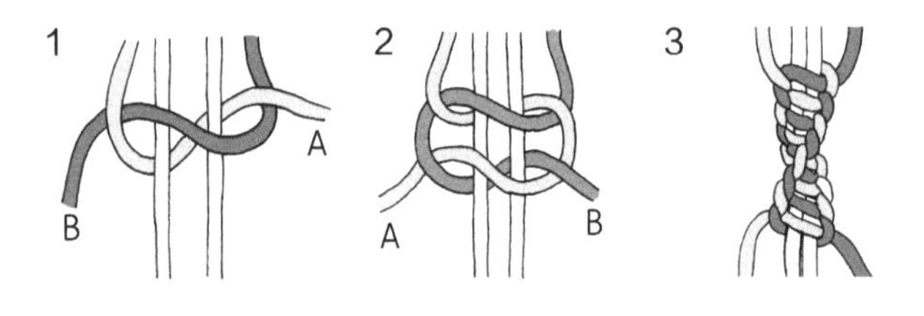

交替螺旋半平结（Alternating half square knot）

这是交替使用编织绳和填充绳形成网状结构的绳结。使用交替螺旋半平结时，需要编织足够多的半平结，形成螺旋。

步骤1 用半平结编织一横排螺旋结，并确保螺旋结至少旋转一周。编织第二横排时，交替使用编织绳和填充绳完成新的螺旋结。

步骤2 确保螺旋结至少旋转一周，然后继续向下编织，直到达到所需的长度。

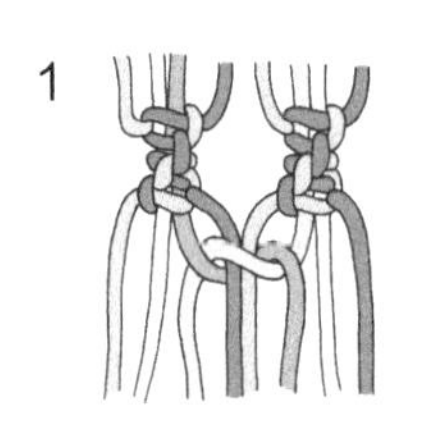

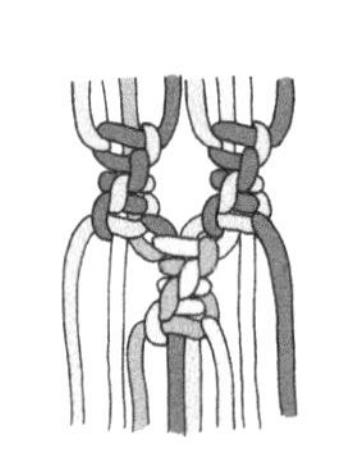

雀头结（Lark's head knots）

雀头结是将绳子固定在支撑杆上最常用的结法。最简单的方法是将绳子对折系在填充绳上，但如果绳子的一端已经固定在其他地方了，可以使用下面小贴士中介绍的方法。

每个绳结所需的绳长

所需绳长约为成品的6~7倍，根据填充绳的粗细会有所变化。

雀头结（Lark's head knot）

雀头结常用于把绳子固定在支撑杆上。雀头结具有一个面向编绳者的水平突起。

步骤1 对折绳子，把绳环向外搭在支撑杆上。

步骤2 将绳子末端穿过绳环，拉动绳子系紧绳结。

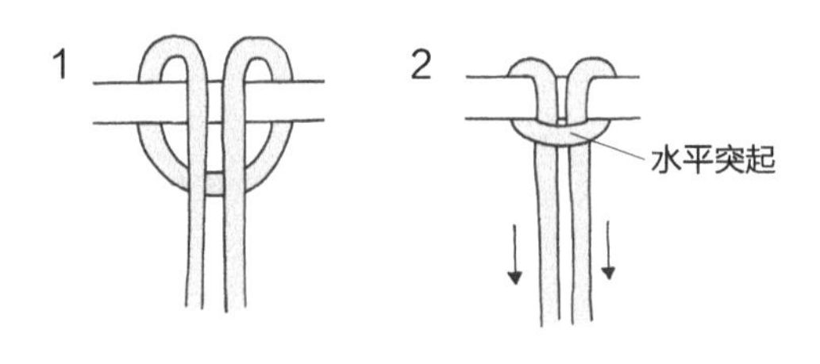

小贴士 下图展示了雀头结的另一种制作方法。这种方法适用于绳子一端已经固定在其他地方（第69页亚特兰蒂斯壁挂案例）。

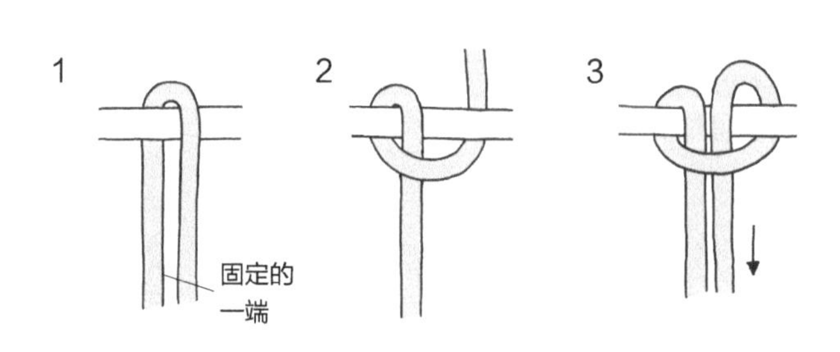

反向雀头结（Reverse lark's head knot）

反向雀头结和标准雀头结一样，都常用于将绳子固定在支撑杆上。但由于是反向打结，所以水平突起部分是背对编绳者的。

步骤1　对折绳子，将绳环由后向前搭在支撑杆上。

步骤2　将绳子末端从后面穿过绳环，拉动绳子系紧绳结。

小贴士 当绳子一端被固定在其他地方时，反向雀头结也可以用下面的方法完成。

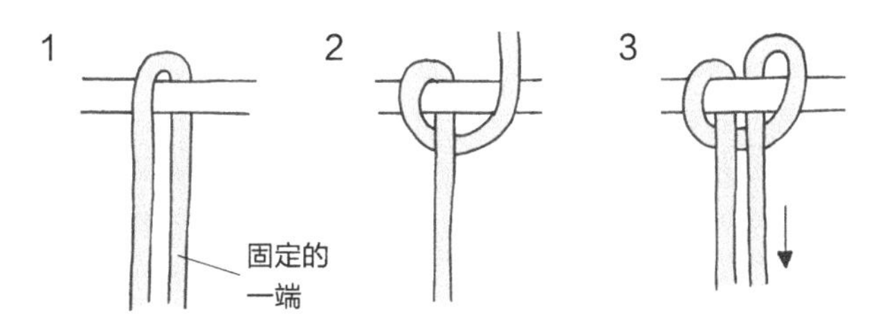

右向垂直雀头结

（Right-facing vertical lark's head knot）

这是仅用两根绳子就能完成的一条绳编的技巧，当然也可以使用任意数量的填充绳。

如果要做左向垂直雀头结，编法是相同的，只需要在开始时把编织绳放在填充绳的左侧即可。

步骤1　将编织绳如图绕在左侧填充绳上，形成一个绳环。

步骤2　接着把绳子下端再次绕到填充绳后，从前向后穿过绳环。

步骤3　拉紧绳子完成一个绳结，同时保持填充绳是垂直的。重复步骤1到步骤3，直到编出需要的长度。

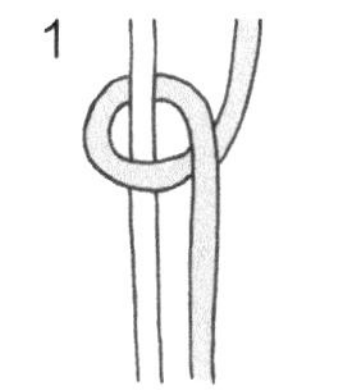

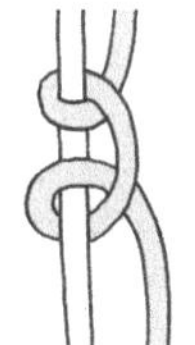

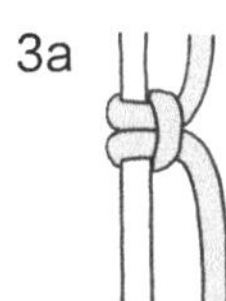

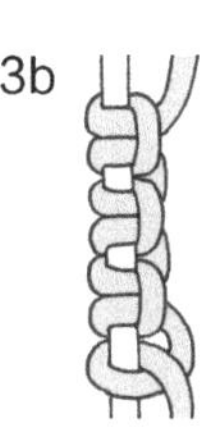

交替垂直雀头结

（Alternating vertical lark's head knot）

通过左右交替编出左向和右向垂直雀头结，完成一条比平结更宽的绳编。下图展示了使用2条填充绳和2条编织绳的情况，当然也可以仅用1条填充绳。

步骤1　开头使用左向或右向垂直雀头结都可以，图中展示的是先用左手边的绳子在2条填充绳上编织左向垂直雀头结。

步骤2　交替使用编织绳，因此接下来要用右手边的绳子编织右向垂直雀头结。

步骤3　继续交替编织左向和右向垂直雀头结，直到完成绳编。绳结之间尽可能紧密，并保持左右两侧绳结之间的连接绳竖直且长度基本相同。

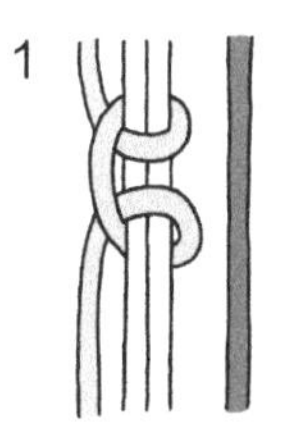

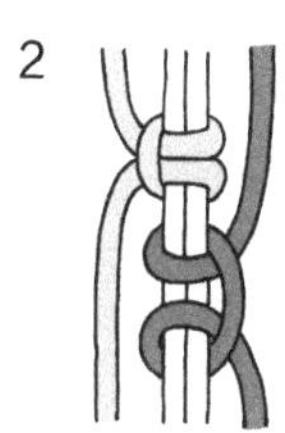

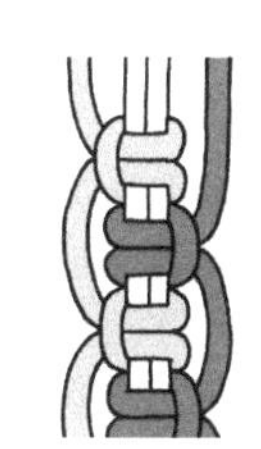

花边交替垂直雀头结

（Alternating vertical lark's head knots with picots）

这是另一种以交替垂直雀头结完成绳编的方法，绳结之间用连接绳做出装饰小环。

步骤1　交替编织左向和右向垂直雀头结，并在每个结之间留出一段距离。然后将这些绳结向上推紧。留出的距离越长，形成的小环就越大。

步骤2　继续交替编织，注意绳结之间要保持相同的距离，直到完成需要的长度。

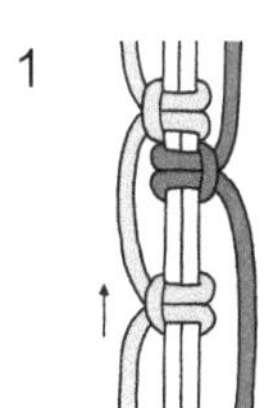

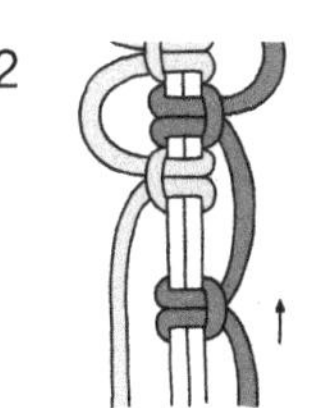

卷结（Clove hitch knots）

卷结，又称丁香结，除了平结之外，卷结是最常用于壁挂的一种绳结。卷结有水平、斜向或垂直等形式，适合编织复杂图案时使用，比如蝴蝶或树叶等图案。每个结需要绕着填充绳完成2个绳环。在编织横卷结或斜卷结时，还要确保填充绳的长度足够完成想要的图案。

每个绳结所需的绳长

编织绳绳长约为成品的5~7倍。

横卷结（Horizontal clove hitch）

横卷结，又称水平丁香结，会在平面上形成一条直线，可以从左向右，也可以从右向左，还可以编完一排之后再转弯，填充绳则贯穿其中。

步骤1　制作从左向右的卷结，要使用最左侧的绳子作为填充绳，将其折向右边水平放置于其他绳子前面。使用填充绳右边相邻的绳子作为编织绳制作第一个卷结，将它向前拉出，再向上绕过填充绳。拉紧编织绳，填充绳也会稍微向上倾斜。

步骤2　将编织绳向右拉，从前往后绕过填充绳，并穿过填充绳下方的绳环，完成第一个卷结。拉紧编织绳，系紧绳结。右侧的每条绳子依次重复步骤1和步骤2。

步骤3　若要在第一排卷结的下方再编一排，需要将填充绳弯折回来。重复步骤1和步骤2，从最右边的编织绳开始依次向左编织。

斜卷结（Diagonal clove hitch）

斜卷结，又称斜向丁香结，技法和横卷结相同，但要使卷结斜向排列。

步骤1　制作从左向右的斜卷结，要先把最左侧的绳子作为填充绳，斜向放置于其他绳子前面。与横卷结一样制作第一个卷结，然后依次向右进行，每一个卷结都要比前一个略微靠下一些，最后让所有结连成一条斜线。

步骤2　若要在第一排卷结的下方再编一排，需要将填充绳弯折回来。重复步骤1，从最右边的编织绳开始依次向左编织。

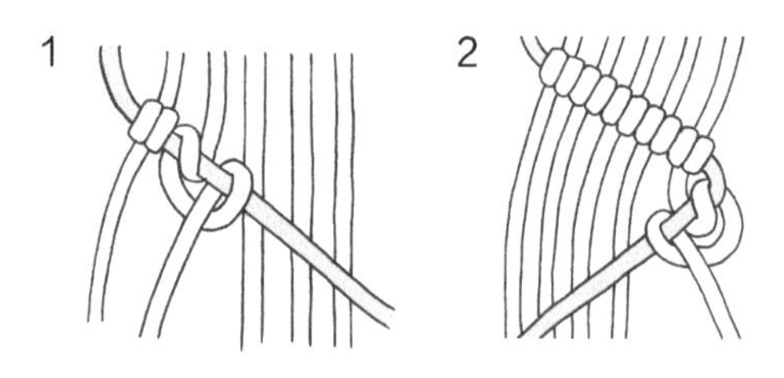

竖卷结（Vertical clove hitch）

竖卷结，又称垂直丁香结，与横卷结、斜卷结的不同之处在于，竖卷结是将垂直的绳子作为填充绳使用，编织绳则横穿其上。单个卷结的编法相同，只不过旋转了90°。

步骤1　制作从左至右的竖卷结，要使用最左侧的绳子作为第一条填充绳。如图将编织绳绕在填充绳上，拉紧。

步骤2　将编织绳向下缠绕在填充绳上，并穿过绳环，完成第一个卷结。拉紧编织绳，系紧绳结。

步骤3　重复步骤1和步骤2，完成一排竖卷结。

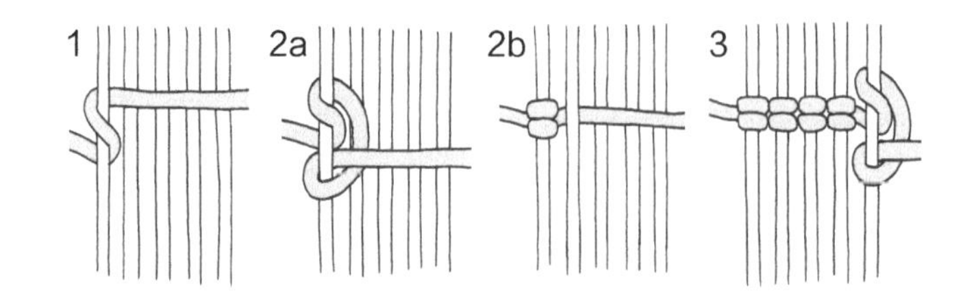

螺旋半结（Half hitch spiral）

螺旋半结是制作螺旋结最简单的方法，只需将编织绳重复缠绕在一根或多根填充绳上即可。

每个绳结所需的绳长

约为成品的4~5倍。

右螺旋半结（Right-facing half hitch）

将编织绳置于填充绳的右侧，并反复缠绕填充绳，可以形成一个自右向左旋转的螺旋。如果要制作从左向右旋转的螺旋，只要在开始时将编织绳置于填充绳的左侧即可。

步骤1 将编织绳从前往后绕过填充绳，压在绳子上方。

步骤2 拉紧绳子形成一个右向半结，同时保持填充绳垂直。

步骤3 将编织绳从前往后绕过填充绳，并穿过形成的绳环。然后将制作好的绳结向上推，使其紧贴在一起。

步骤4 重复步骤1至步骤3，直到编出想要的长度。

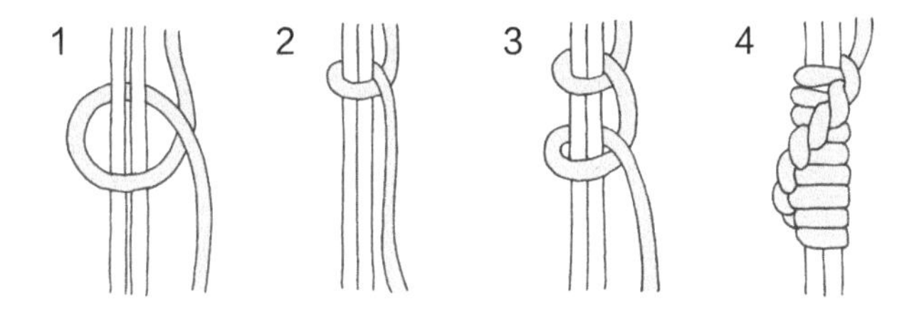

左右交替螺旋半结（Alternating half hitch）

左右交替螺旋半结是一个仅用两根绳子就可以轻松完成的绳结，制作时将编织绳和填充绳交替使用。

步骤1 编一个左向半结（如图）或右向半结。

步骤2 编第二个半结时将编织绳和填充绳互换。

步骤3 重复步骤1和步骤2完成一排左右交替的半结。

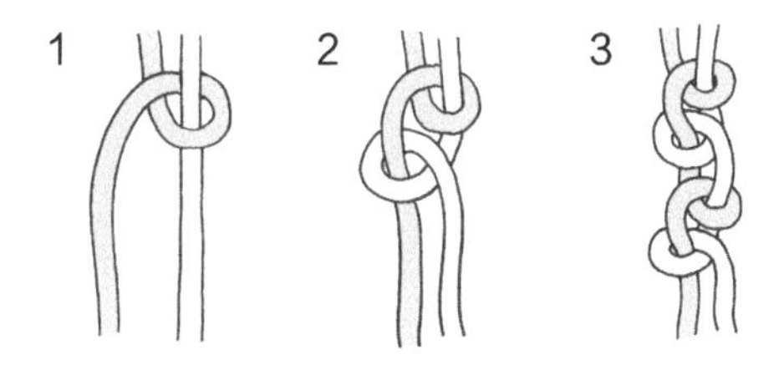

缠绕结（Wrap knots）

缠绕结可用于绳子收纳，也可用于制作吊环，常见于盆栽吊篮设计。制作缠绕结，首先要用编织绳做一个绳环，然后将绳环和所有填充绳缠绕在一起，最后将绳子穿过绳环并拉紧。

每个绳结所需的绳长

约为成品的8~10倍，根据填充绳数量不同会有所变化。

缠绕结（Wrap knot）

缠绕结是用一条编织绳缠绕任意数量填充绳形成的绳结。编织绳的长度取决于缠绕结的长度、填充绳的数量以及填充绳的尺寸。建议准备一条比预想更长的绳子！不断练习可以增强对绳子长度的把控力。

步骤1 把所有填充绳聚拢在一起，编织绳的一端做出U形绳环，另一端开始缠绕填充绳，注意要预留出U形绳环的末端。绕第一圈时，一只手固定编织绳，另一只手缠绕。随着不断缠绕，可以放开固定的手，注意确保每一圈都要整齐紧密。

步骤2 当距离绳环底部约1cm时停止缠绕，将编织绳穿过绳环。

步骤3 拉动上方预留的绳端，将绳环向上被拉进绳结里面，缠绕结制作完成。如有需要，可将编织绳的首尾两端剪断。

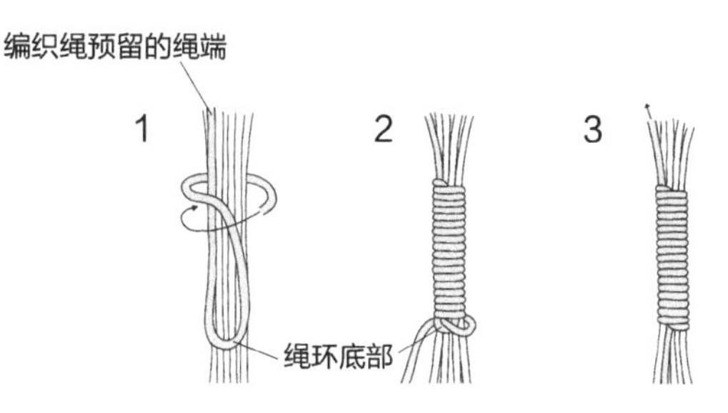

吊环下的缠绕结（Wrap knot under a ring）

有时缠绕结会直接用在其他绳结或者吊环下面，这时缠绕结制作起来会有点复杂。下面展示了如何在吊环下制作缠绕结的两种方式，可以根据需要选择更适合自己的。

步骤1　编织绳要准备得长一些。所有绳子穿过圆环，编织绳的一端做出U形绳环。缠绕结的长度是从吊环底部到U形绳环底部，因此要控制好U形绳环的长度。

绕第一圈时，比较容易的方法是用一只手将编织绳固定好，用另一只手缠绕。随着不断缠绕，可以放开固定的手，注意确保每一圈都要整齐紧密。

当距离绳环底部还有约1cm时停止缠绕，以下展示制作收尾部分的两种方式。

方式一

步骤2a　将编织绳穿过绳环。

步骤3a　用钳子拉动上方的编织绳，将绳环向上拉进绳结里面。拉动绳子时要注意如果有哪根填充绳一起被向上拉动了，之后要再把它向下拉回去。

方式二

步骤2b　在绳结外面松散地缠绕几圈。不用担心看起来很乱，因为之后可以整理好。将编织绳穿过绳环。然后将绳结上最后缠绕的几圈松散的绳环依次紧密排列好。

步骤3b　拉动编织绳，系紧绳结。

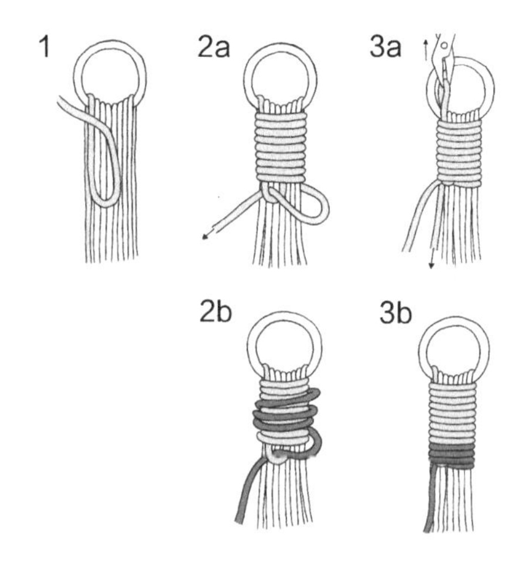

缠绕结吊环（Wrap knot loop using only cord）

当制作盆栽吊篮却没有合适的吊环时，缠绕结吊环是非常适合的。缠绕结吊环是用缠绕结制作而成的吊环，做法简单。它由两个缠绕结构成，意味着需要更长的编织绳，以保证足够完成第二个缠绕结。

步骤1　先做一个普通的缠绕结。如果希望缠绕结两端长度相当，就要把缠绕结制作在填充绳的中部。

步骤2　将缠绕结弯成一个环，尾端靠在一起。用编织绳较长的一端完成第二个缠绕结。

步骤3　由于不能像常规的缠绕结，通过拉拽绳子尾端使绳环隐藏进绳结内，因此需要使用吊环下的缠绕结中的第二种收尾方式。当距离绳环底部还有约1cm时停止缠绕，在绳结外面松散地缠绕几圈，之后将绳子穿过绳环，再将松散的绳环按照正确顺序紧密排列下去，最后系紧绳结。

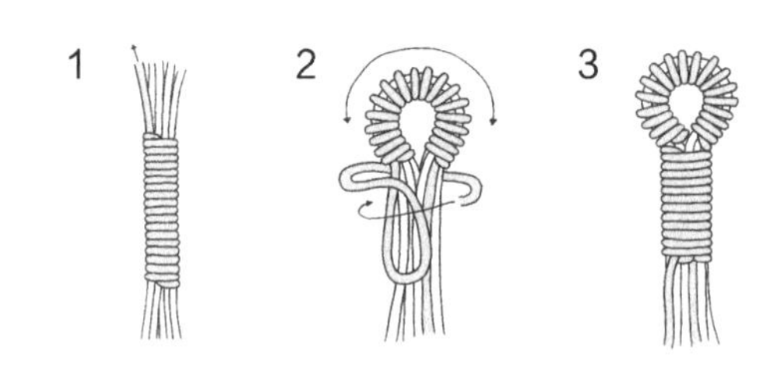

皇冠结（Crown knots）

皇冠结初看有点复杂，但试过几次之后就会觉得非常简单。皇冠结可以用3股或者更多的绳子制作，但不论3股还是4股，制作的技巧完全相同——将每股绳放于相邻的绳子之上，系紧，然后重复。在一些盆栽吊篮中也可用几根绳子合成一股来制作皇冠结，增加承重力，但其中的技巧完全相同。

每个绳结所需的绳长

绳长约为成品的4~5倍。

3股皇冠结（3–ply crown knot）

使用3股绳子制作的皇冠结是一个三角形图案。为了使皇冠结编起来更加简单，可以把绳子都放在桌上，保证绳子始终位于正确的位置。

步骤1　把3股绳子放在三个不同的方向上。可以通过打结把3股绳系在一起，也可以用非惯用手握在一起，用另一只手编结。

步骤2　取任意一股绳，压在相邻绳上，形成一个绳环。

步骤3　取第二股绳，同时压住第一股绳和第三股绳。

步骤4　将第三股绳同时压住第二股绳和第一股绳，并穿过第一股绳形成的绳环。依次轻拉绳子，系紧绳结。

步骤5　一个皇冠结就完成了。重复步骤2到步骤4，直到达到所需长度。

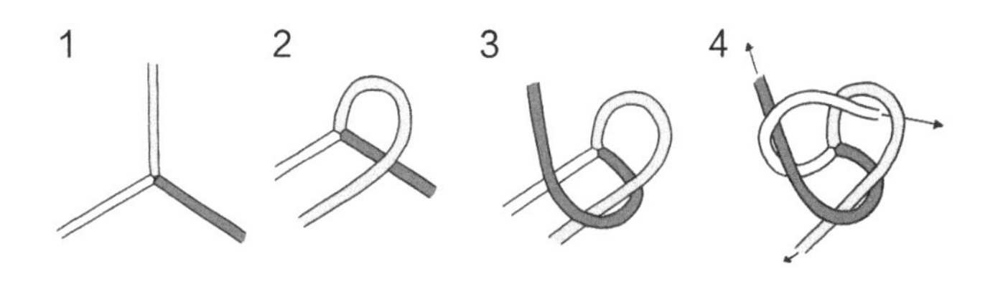

4股皇冠结（4–ply crown knot）

皇冠结通常是由4股绳子制作而成的，而且4股绳子制作的皇冠结是最漂亮整齐的。

步骤1　把4股绳子放在四个不同的方向上。可以通过打结把4股绳系在一起，也可以用非惯用手握在一起，用另一只手来编结。如果用两股绳子制作，可以把它们互相垂直交叉，形成十字后就有4股绳了。

步骤2　取任意一股绳，压在相邻绳上，形成一个绳环。然后取第二股绳，同时压住第一股绳和第三股绳。

步骤3　取第三股绳，同时压住第二股绳和第四股绳。再用第四股绳压住第三股绳和第一股绳，并穿过第一股绳形成的绳环。依次轻拉绳子，系紧绳结。

步骤4　一个皇冠结就完成了。重复步骤2到步骤3，直到达到所需长度。

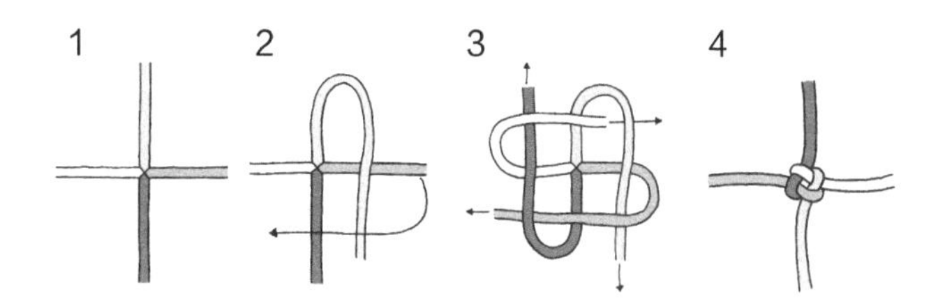

装饰结（Decorative knots）

筒结（Barrel knot）

筒结，是一种非常简单的绳结，由一根绳在其本身上打结制成。如果将绳子缠绕3圈，制成的结看起来就像一个小珠子，很有装饰性。筒结也可以用于避免绳子末端磨损。每个结所需的绳长为成品结的6~8倍。

步骤1　把绳子向上弯出一个绳环，用绳子末端绕绳环左边部分至少3圈，如果需要更长的结可以缠绕更多圈。

步骤2　轻拉绳子两端，系紧绳结。

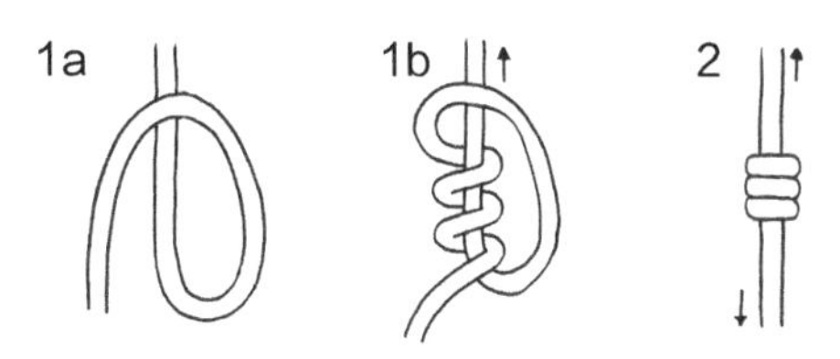

约瑟芬结（Josephine knot）

约瑟芬结是由2根或更多绳子制作而成的，非常具有装饰性。虽然看上去比较复杂，但是一旦掌握了制作技法，就易如反掌了。每个绳结所需的绳长为成品结高度的2~3倍。

步骤1　用A绳弯出一个绳环，将B绳穿过A绳下端，弯回来穿过A绳上端和下端，再从B绳前穿过绳环，形成第二个绳环。

步骤2　制作完成了2个互相穿插的绳环。轻拉A绳和B绳系紧绳结。如果想再增加两条绳子做一个更大的约瑟芬结，先不要拉紧绳子。将C绳放在左边，D绳放在右边。

步骤3　将C绳顺着A绳穿插，D绳顺着B绳穿插。稍做调整，轻拉绳子C、A绳和B、D绳系紧绳结。

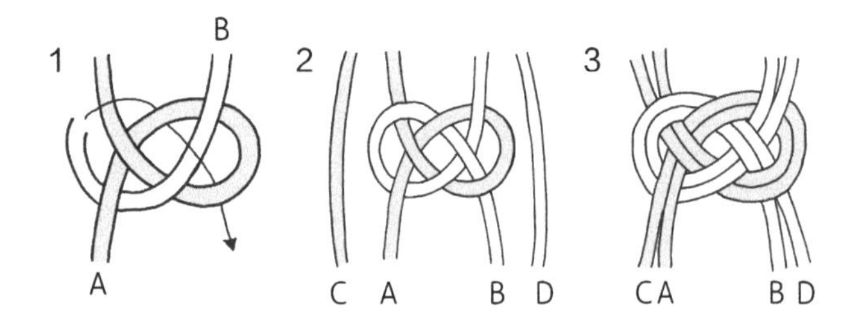

十字结（Cross knot）

十字结是一种整洁的小结，由2根绳子系成一个十字形或加号形。

步骤1　2根绳子平行放置，将B绳从后方绕过A绳。

步骤2　将A绳下端向上弯折。

步骤3　将A绳下端穿入两绳上端形成的绳环。

步骤4　将B绳下端从后面绕过A绳，然后向上穿过由A绳形成的竖向的绳环，轻拉B绳。

步骤5　轻拉所有绳子末端，系紧绳结，完成一个整洁的十字结。

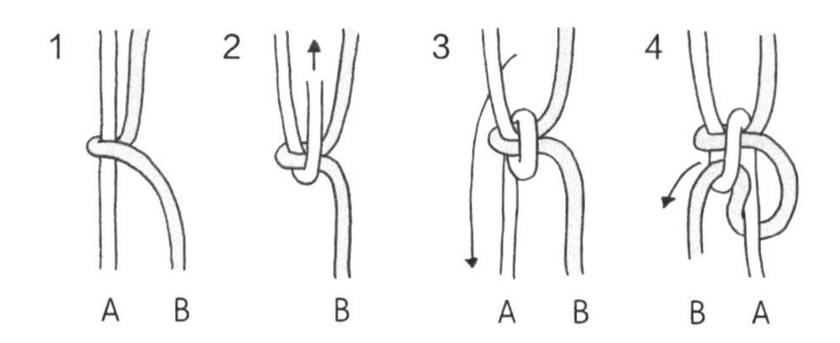

绳辫（Braids）

大多数人都知道如何用3股绳子编织绳辫——这个仅凭直觉就能完成，不需要思考制作技巧。但是，如果在绳辫中加入更多的绳子，那么难度就增加了。

常用的方法是将外面的绳子都向内部编织，编4股绳、5股绳和6股绳时所用的技巧有所不同。但是我发现了一种更简单的方法，不管有几股绳子，都始终将左边的绳子向右编织。

3股绳辫（3-ply braid）

最基本的绳辫需要3股绳子。如果想制作更粗的绳辫，又不想增加股数，可以将几根绳子作为一股使用，制作技巧完全相同。

步骤1　3股绳子平行放置，A绳向右压在B绳上。

步骤2　C绳向左压在A绳上。

步骤3　B绳向右压在C绳上。

步骤4　A绳向左再次压在B绳上。

步骤5　反复将左侧的绳子压在中间的绳子上，再将右侧的绳子压在中间的绳子上即可。

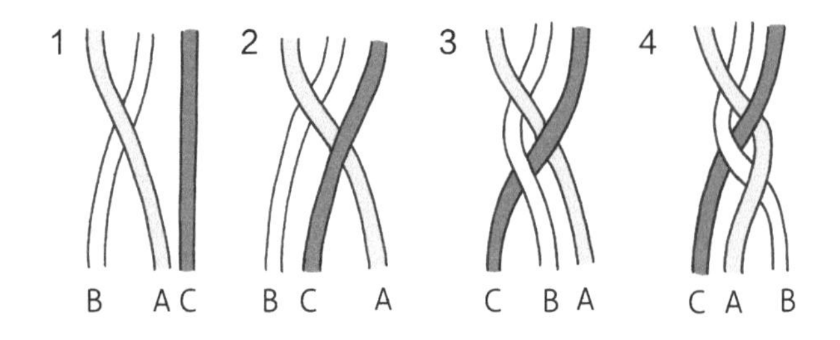

4股绳辫（4-ply braid）

开始时将B绳和D绳分别向左交叉，再将A绳压在D绳上，置于C绳下。然后反复将最左边的绳子向下、向上再向下穿过右边的3条绳子。注意确保所有的绳子顺序正确。

步骤1　4股绳子平行放置。B绳向左压在A绳上，D绳向左压在C绳上。
步骤2　A绳向右压在D绳上，并置于C绳下。
步骤3　B绳分别从D绳下方、C绳上方、A绳下方穿过。拉紧编织绳，系紧绳辫。
步骤4　重复步骤3，始终将最左边的绳子向下、向上再向下穿过右边的3条绳子，直到达到所需长度。注意要不断拉紧每股绳子，保持绳辫紧凑。

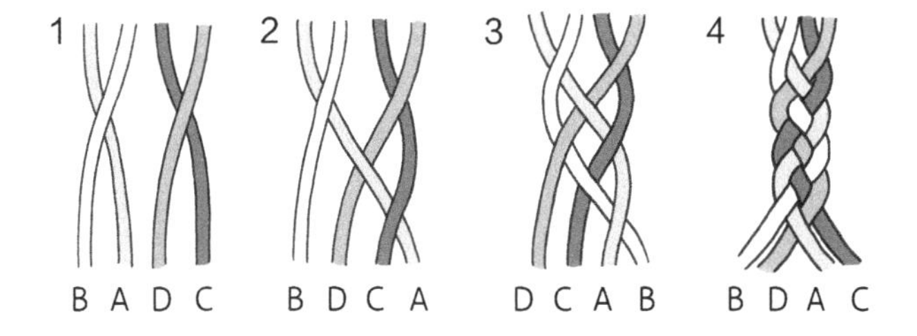

5股绳辫（5-ply braid）

开始时用A绳压住B绳，E绳压住D绳。然后不断把最左侧的绳子向右交叉。注意确保所有的绳子顺序正确。

步骤1　5股绳子平行放置，A绳向右压住B绳，E绳向左压住D绳。
步骤2　将A绳分别从C绳下方、E绳上方、D绳下方穿过。
步骤3　将B绳分别从C绳上方、E绳下方、D绳上方、A绳下方穿过。向上轻拉B绳系紧绳辫，同时保持其他绳子垂直。
步骤4　重复步骤3，始终将最左边的绳子向上、向下、向上再向下穿过右边的4条绳子，直到达到所需长度。注意要不断拉紧每股绳子，保持绳辫紧凑。

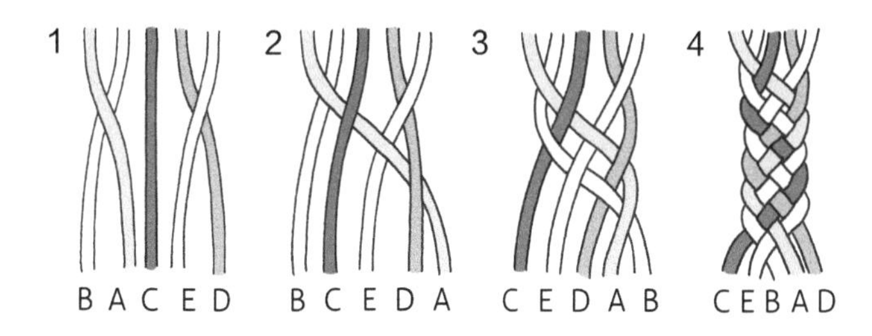

6股绳辫（6-ply braid）

在一些腰带的设计上会用到这种宽且复杂的绳辫。6股绳辫在开始制作阶段会复杂一些，但完成到步骤4后，制作方法就与4股和5股绳辫非常相似了。

步骤1　6股绳子平行放置，C绳向右压住D绳，D绳向左压住B绳，E绳向左压住C绳。
步骤2　B绳向右压住E绳。
步骤3　首先C绳向右压住F绳。然后B绳分别从F绳下方，C绳上方穿过，到达最右侧。
步骤4　A绳分别从D绳上方、E绳下方、F绳上方、C绳下方、B绳上方穿过。向上轻拉A绳系紧绳辫，同时保持其他绳子垂直。
步骤5　重复步骤4，始终将最左边的绳子向上、向下、向上、向下再向上穿过右边的绳子，直到达到所需长度。编织时要注意确保所有的绳子顺序正确，并不断拉紧每股绳子，保持绳辫紧凑。

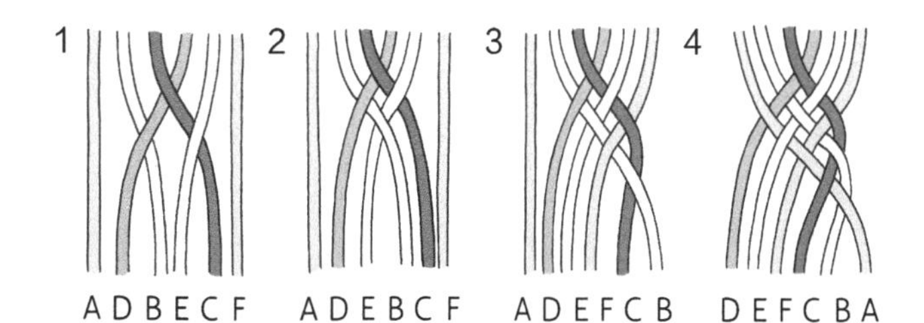

第3章 图案样式

本章介绍了7种绳结组合的图案样式及制作技法，在壁挂或其他绳编制作中可直接使用或者随意组合。在尝试制作本书的作品时，也需要不断练习这些图案。

箭头

箭头是用斜卷结制作的几何图案。每一排包含14个卷结，算上左右两边的填充绳，一共需要16根绳子。也可以使用16的任意倍数根绳子使图案达到想要的宽度。

所用绳结

斜卷结 → 16页

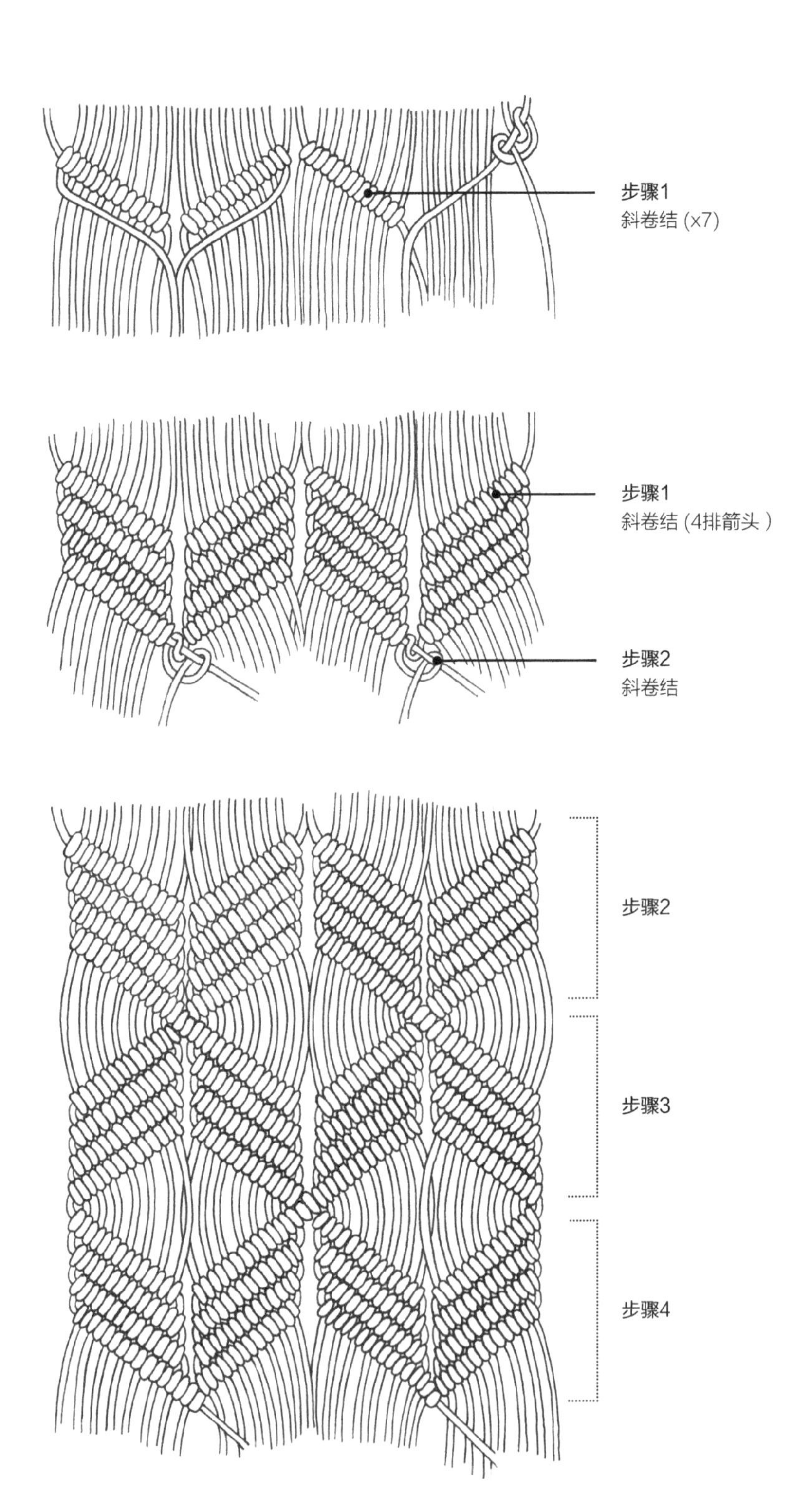

制作步骤

步骤1

先编第一个箭头（绳子1～16）。用左侧第一根绳子作为填充绳，向右下编出7个斜卷结。用右侧第一根绳子作为填充绳，向左下编出另外7个斜卷结，第一排卷结完成。再重复编3排，始终用最左侧和最右侧的绳子作为填充绳。

步骤2

完成4排卷结后，继续用左侧填充绳向右下编卷结，将箭头连接起来。

步骤3

继续编7个斜卷结。然后将第8根绳子作为填充绳向右下编结，再完成3排卷结。左边同样重复同样的操作完成4排卷结。

步骤4

重复步骤2和步骤3，直到达到所需长度。

鱼骨

下面介绍用32根绳子制作鱼骨图案的方法。每一个完整的鱼骨图案包含5个平结，需要用到12根绳子。同时两侧的半鱼骨图案要用到8根绳子。如果要增减平结的数量，那么左右两侧各增减一根绳子即可。填充绳不用来编织绳结，所以无需很长。但最左侧和最右侧的两根编织绳要准备足够的长度。

所用绳结

右向平结 → 12页

制作步骤

步骤1

先用1～4号绳、15～18号绳和29～32号绳编3个平结。继续编平结，左侧平结继续使用1号绳，但改用5号绳作为另一根编织绳。右侧平结则将32号绳和28号绳作为编织绳。中间平结将14号绳和19号绳作为编织绳。

步骤2

每向下编织一个平结，就使用一条新编织绳，由此完成3个部分的前5个平结。这时每个部分之间应该剩余2根绳子，作为下一排平结的填充绳。

步骤3

制作鱼骨图案的第二排。取第一排鱼骨图案中最靠近中间剩余2根绳子的绳子作为编织绳，中间2根绳子作为填充，编织第一个平结。重复完成剩下的4个平结。

步骤4

重复步骤1到步骤3，直到图案达到所需长度。

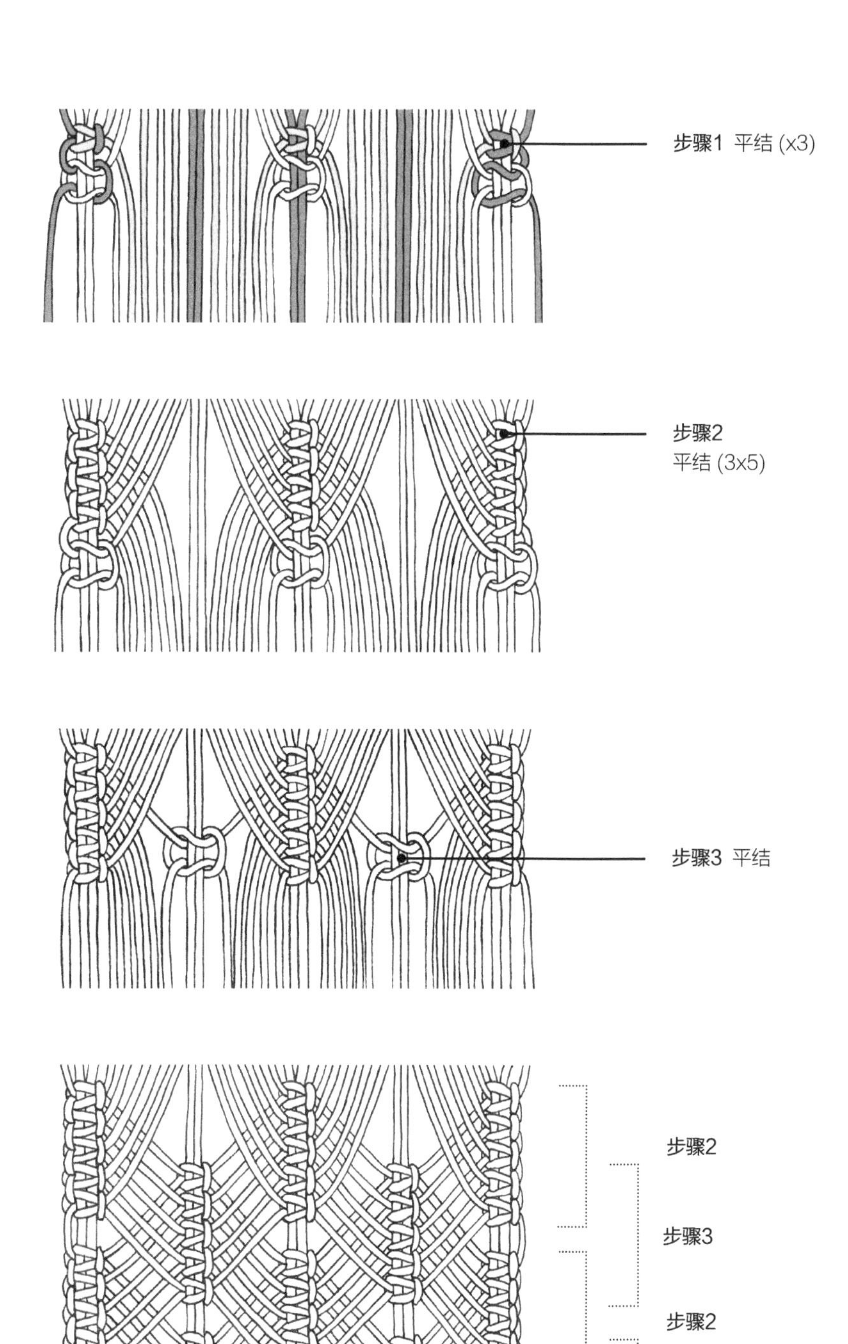

蝴蝶

下面介绍用18根绳子制作蝴蝶图案的方法。如果想要蝴蝶图案变大或缩小，可以同时增减2的倍数的绳子。

所用绳结

斜卷结 → 16页

右向平结 → 12页

左向平结 → 12页

制作步骤

步骤1

将1号绳和18号绳作为填充绳，在左右两侧分别编出8个斜卷结，并做出稍稍向上弯曲的弧度。接着第一排再分别编一排斜卷结。

步骤2

用3～6号绳在卷结下方编一个右向平结（左上翅膀）。然后用13～16号绳在卷结下方编一个左向平结（右上翅膀）。

步骤3

将1号绳和18号绳作为填充绳，在每侧分别编出8个斜卷结，完成上半部分翅膀。

步骤4

使用中间4根绳子（8～11号绳）编一个右向平结，将翅膀连接起来。

步骤5

将8号绳和11号绳作为填充绳，从中间向两侧分别编出7个斜卷结。

步骤6

接着上一排再分别编一排斜卷结。用4～7号绳在卷结下方编一个右向平结（左下翅膀）。用12～15号绳在卷结下方编一个左向平结（右下翅膀）。

步骤7

每侧由中间向两边分别编出8个斜卷结，完成蝴蝶图案。

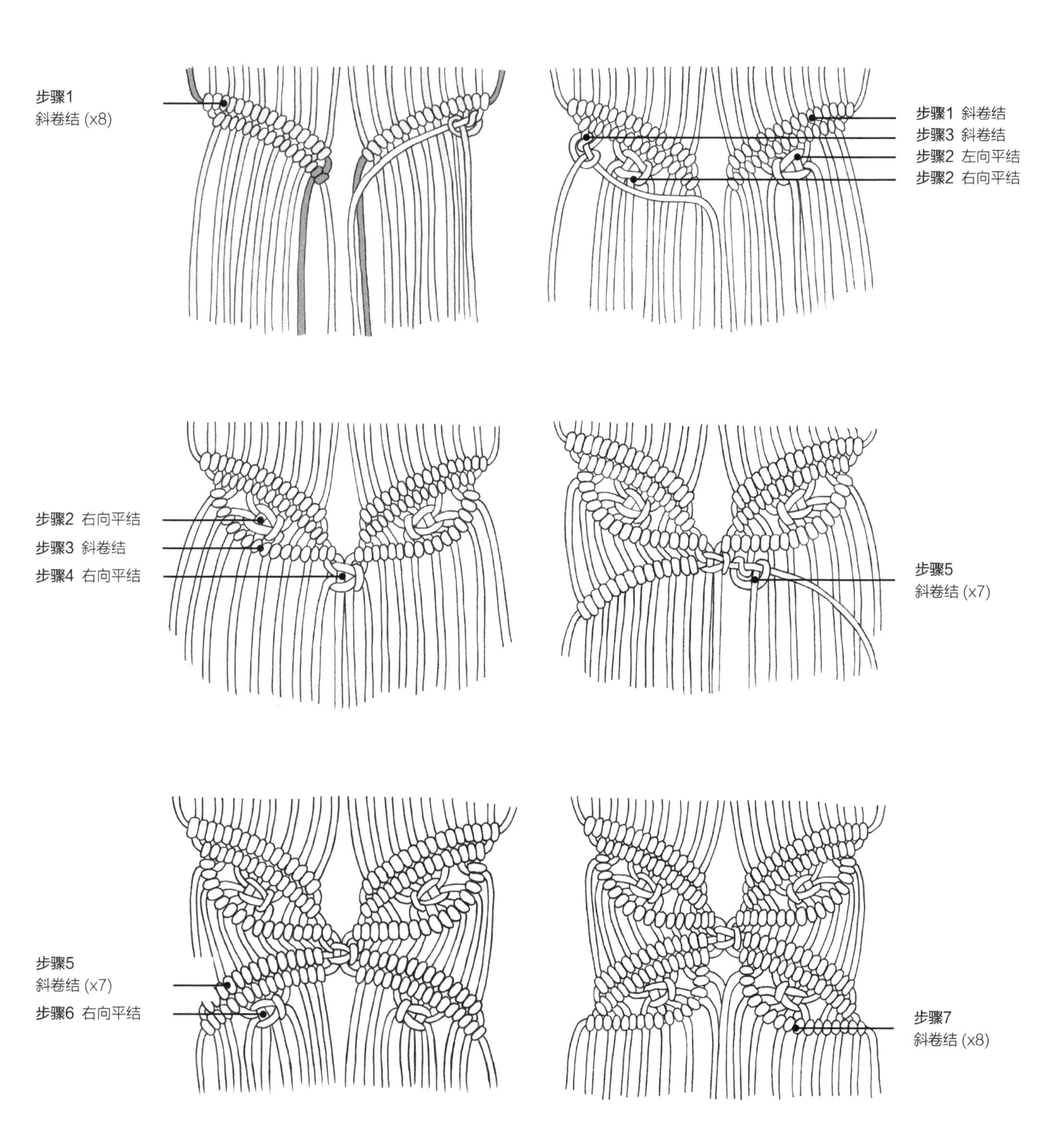
步骤1
斜卷结 (x8)
步骤1 斜卷结
步骤3 斜卷结
步骤2 左向平结
步骤2 右向平结
步骤2 右向平结
步骤3 斜卷结
步骤4 右向平结
步骤5
斜卷结 (x7)
步骤5
斜卷结 (x7)
步骤6 右向平结
步骤7
斜卷结 (x8)

叶子

叶子图案是用16根绳子编织完成的。随着“茎”穿行的填充绳（8号绳）在编结过程中不会消耗太多，其他绳子需要保证足够的长度。确切的绳长需要取决于作品的长度，通常为成品图案的3~5倍。同时，绳长还取决于绳结的松紧度，以及预留流苏的长度。

所用绳结

斜卷结 → 16页

制作步骤

步骤1

以8号绳作为填充绳，用9~13号绳从左向右编5个斜卷结作为茎部。之后开始制作第一片叶子，在茎部填充绳左侧留出3条绳子，将9号绳作为叶子上半部分的填充绳。

步骤2

从右向左编8个斜卷结作为叶子的上半部分。然后取叶子上半部分最右侧第一个卷结的绳子作为下半部分的填充绳。

步骤3

从右向左编8个斜卷结作为叶子的下半部分。将茎部的填充绳（现在是13号绳）向左横过来。

步骤4

从右向左编9个斜卷结使茎部延长，并做出弯曲的弧度。在填充绳左侧留出3条绳子，将8号绳作为第二片叶子上半部分的填充绳。

步骤5

编8个斜卷结作为第二片叶子的上半部分，然后再编8个斜卷结完成下半部分。叶子的制作，都是将编叶子上半部分第一个卷结的编织绳，作为叶子下半部分的填充绳使用。

步骤6

重复以上步骤完成叶子图案。注意茎部填充绳的两侧始终都要留出3条绳子。左侧的叶子始终使用1~9号绳，并以9号绳作为上半部分的填充绳。右侧的叶子始终使用8~16号绳子，并以8号绳作为上半部分的填充绳。

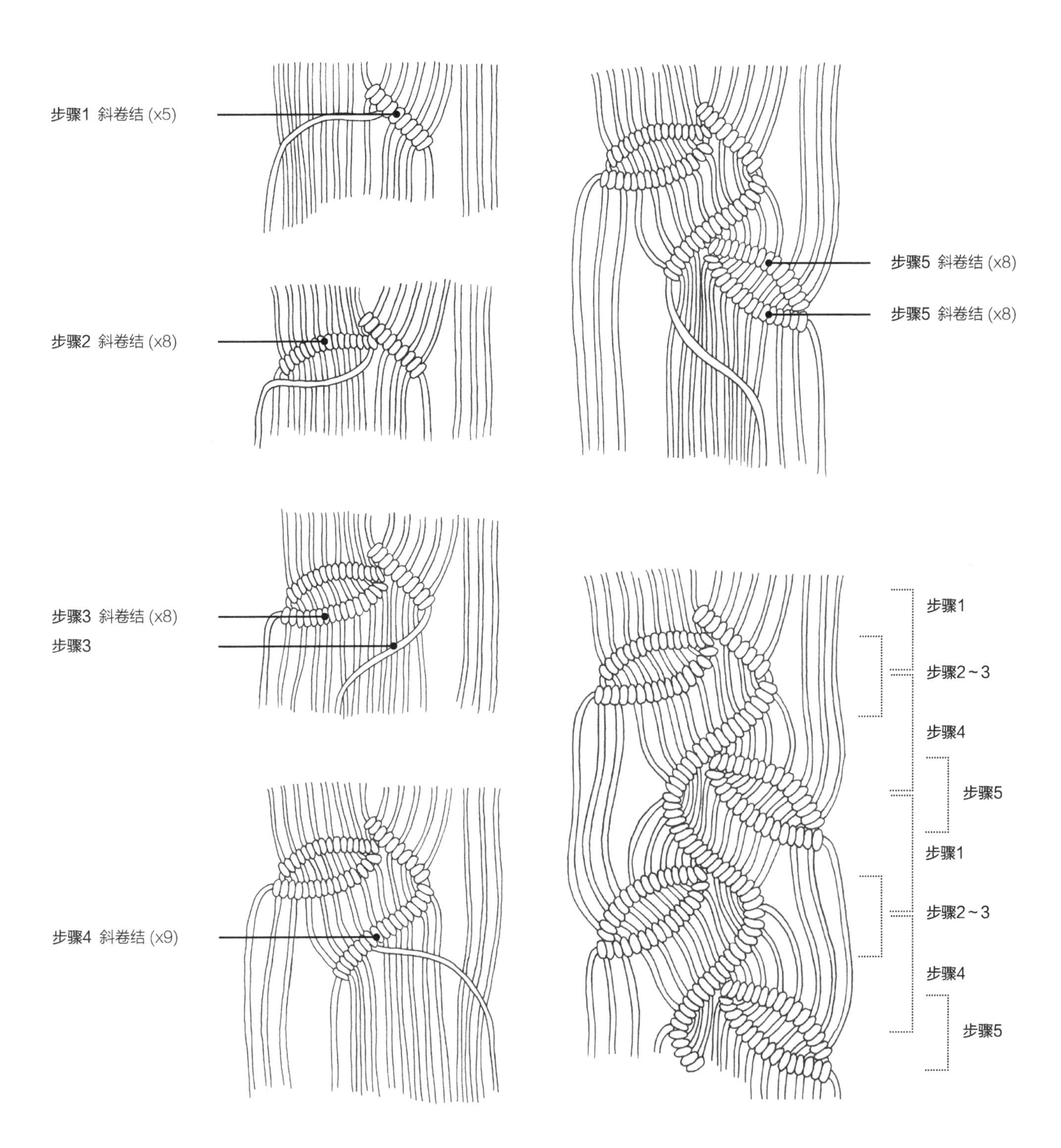

步骤1 斜卷结 (x5)
步骤2 斜卷结 (x8)
步骤5 斜卷结 (x8)
步骤5 斜卷结 (x8)
步骤3 斜卷结 (x8)
步骤3
步骤4 斜卷结 (x9)
步骤1
步骤2～3
步骤4
步骤5
步骤1
步骤2～3
步骤4
步骤5

三角形

使用交替平结可制作的美丽图案有无穷多，这里只展示其中的一种——三角形。每个三角形最宽边由4个平结组成，因此每个三角形需要16根绳子。为了达到对称效果，最少需要32根绳子。

所用绳结

右向平结 → 12页
交替平结 → 13页

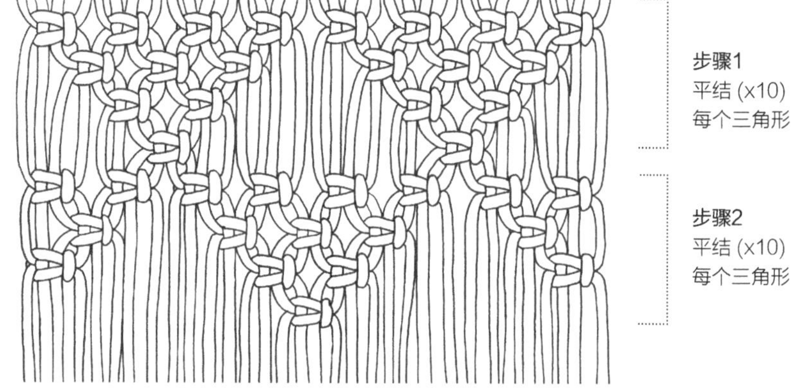

制作步骤

步骤1

用所有绳子编出一整排右向平结，之后在每4个平结下再编3个交替平结。再编两排，一排是2个交替平结，一排是1个交替平结，完成第一组三角形。

步骤2

制作第二组三角形，与第一组三角形交错排列。先用所有绳子编一整排右向平结，注意确保所有平结处于一条水平直线上。在第二排中，边缘处只能制作半个三角形，因此在第一排的2个交替平结下编1个平结。再编两排平结完成第二组三角形。

步骤3

重复步骤1和步骤2，直到达到所需长度。

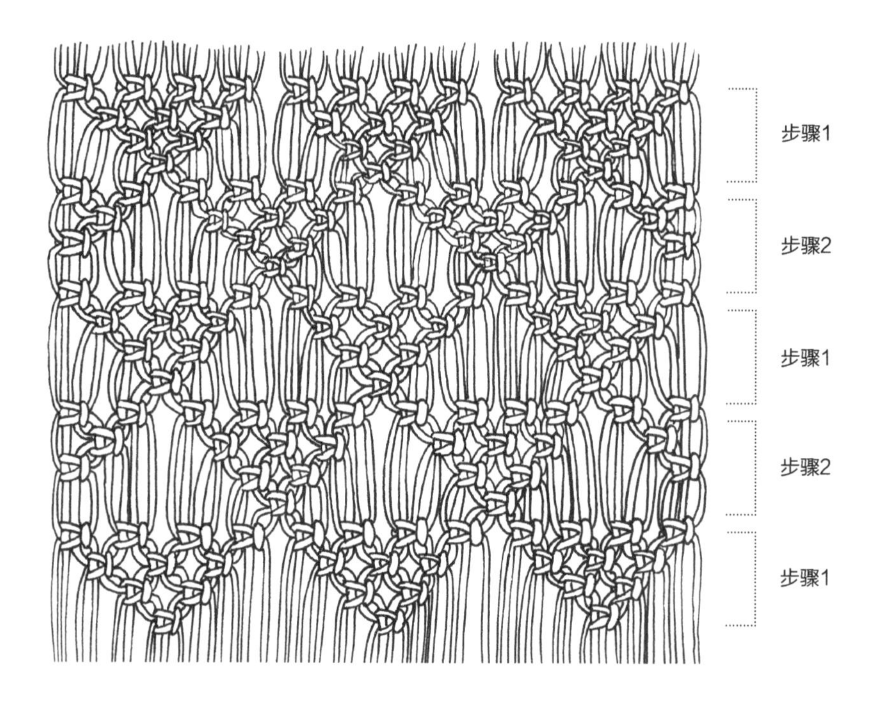

右页

上（从左到右）：三角形、网

下（从左到右）：箭头、叶子、蝴蝶

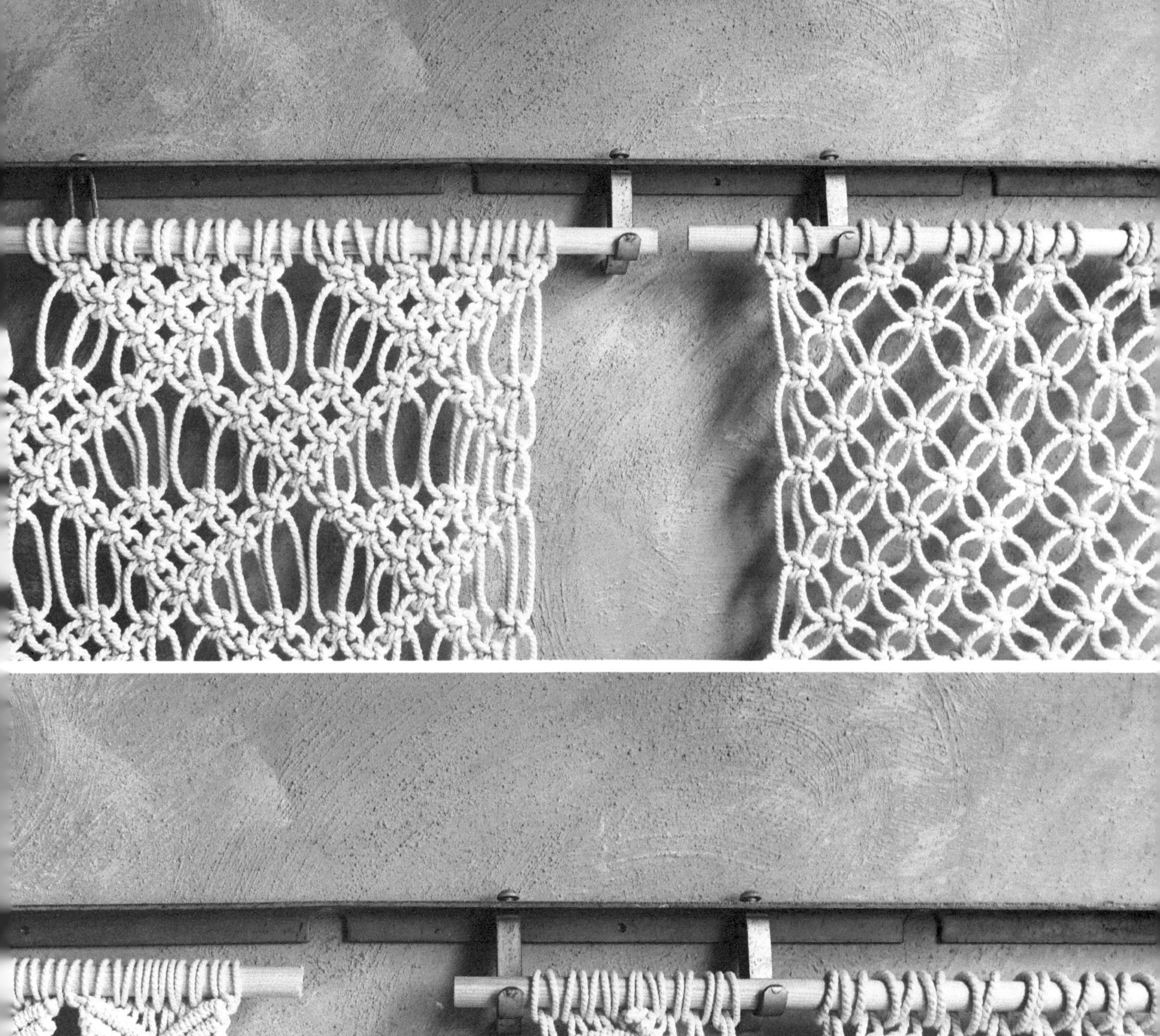
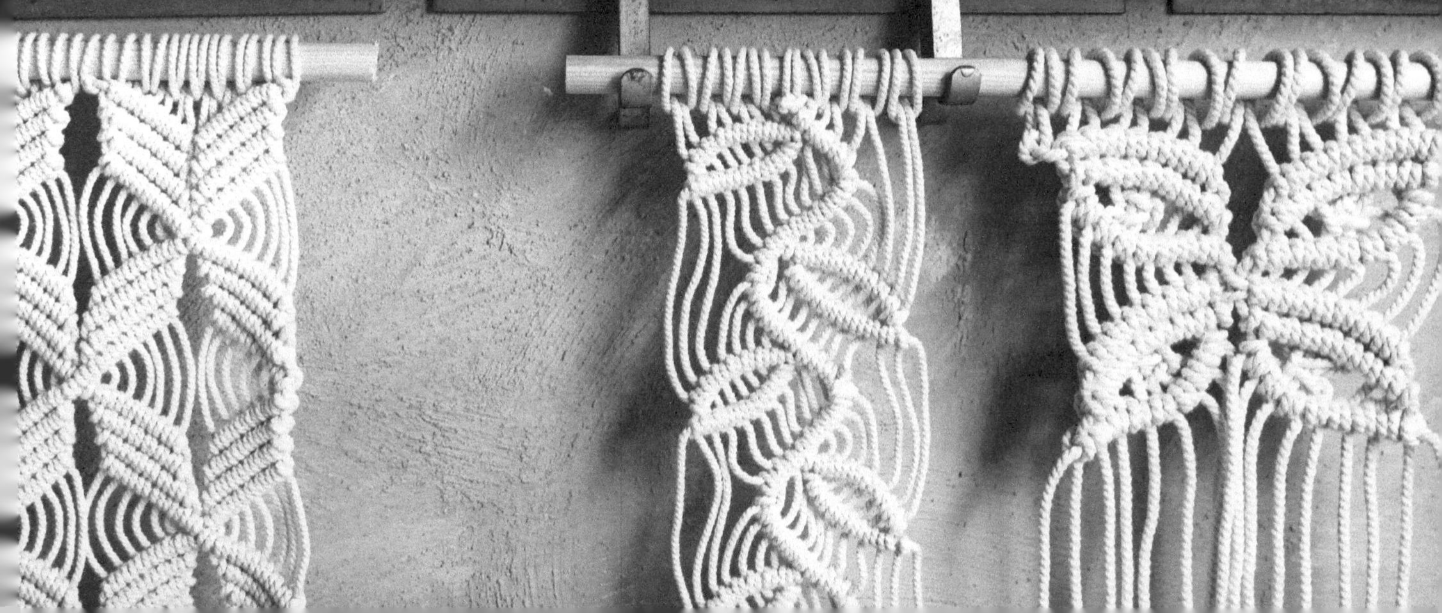

网

网状图案是用交替平结制作而成的，是编绳工艺中最基础的绳结排列方式。每一排之间的间距决定了网的形态，或宽松，或紧凑。编织中既可以使用右向平结，也可以使用左向平结，但为了形成对称设计，最好始终保持一致，不要在两种绳结之间来回切换。

所用绳结

交替平结 → 13页
右向平结 → 12页

制作步骤

先编出第一排平结，之后的部分编交替平结。每一排都交替使用编织绳和填充绳，注意确保每排之间的间距都是相同的。重复编织直到网状完成。

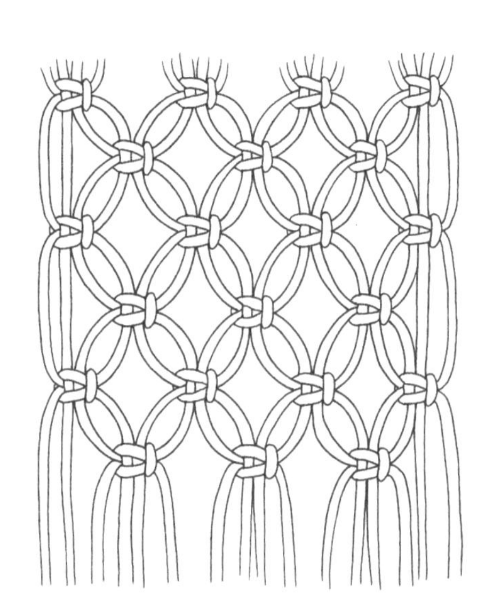

花边网图案

小贴士

保持每排绳结位于同一条直线上有点难度，因此可以借助条状物，比如尺子或者棍子，把填充绳放在条状物上，编织绳绕着条状物和填充绳一起编结，完成一排后，抽走条状物。

花边网

花边网是将花边平结组合到设计中的网状图案。所需的编织绳长度远比单纯使用交替平结要长得多。制作花边网至少需要8根绳子。

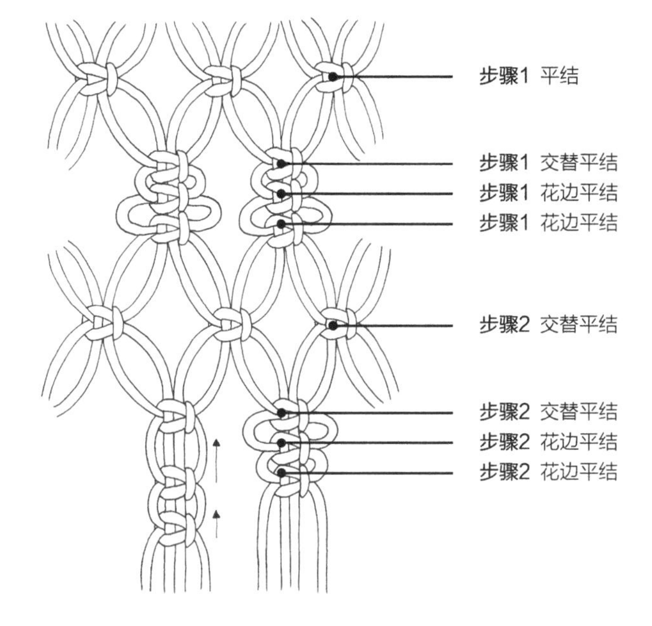

所用绳结

交替平结 → 13页

花边平结 → 13页

平结 → 12页

制作步骤

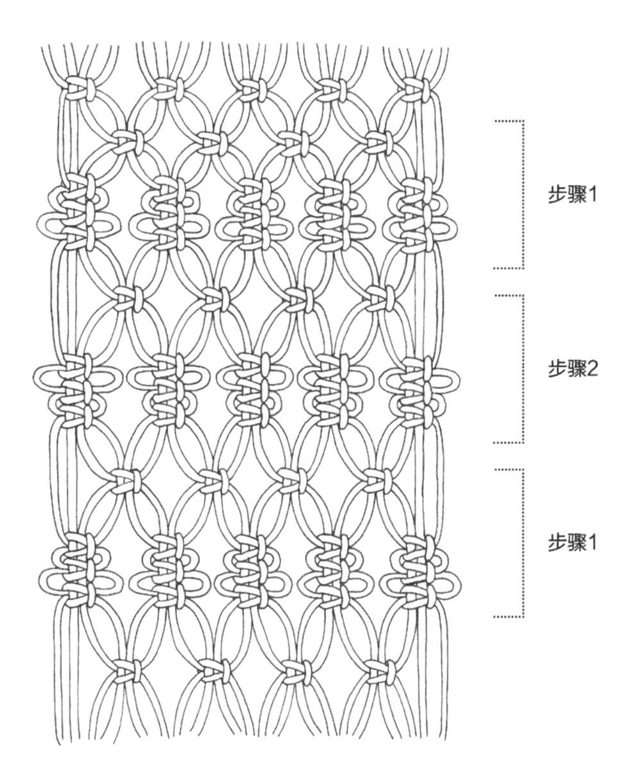

步骤1

先编出一整排平结。保持一定间距，编出第二排交替平结。使用同样的编织绳再完成第二个平结。第一个结和第二个结之间保持一定间距，并将第二个结向上推，做出装饰环。继续做出第三个平结，并扩大第三个结与第二个结之间的间距，形成更大的装饰环。

步骤2

再编两排交替平结，并留出一定间距。在第二排平结之后，使用同样的编织绳和填充绳制作花边平结，但装饰环上大下小。

步骤3

重复步骤1和步骤2，直到达到所需长度。

第4章 作品

掌握了绳结技巧和图案样式之后，就可以尝试创作自己的绳编工艺品了。本章提供了21个不同的绳编工艺成品以供参考，每个作品的风格、大小、难度均有不同。除了包含多种经典绳编工艺品，如盆栽吊篮、壁挂和捕梦网外，还有对绳编工艺的深入探究，并将其应用于生活的独特成品，如灯罩、餐垫，甚至长凳。

糖串盆栽吊篮

盆栽吊篮的染色非常简单，并且能增加作品的美感！这件盆栽吊篮长110cm，且最上方吊环也是用绳结编制而成的。

所用绳结

平结 → 12页
平结绳 → 12～13页
右旋半平结 → 14页
交替平结 → 13页
4股皇冠结 → 19页
缠绕结 → 17页

材料

棉绳（长42m，直径4mm）
4个木珠（直径2~2.5cm，孔径6~10mm）
粉色染料

工具

刷子

准备工作

事先将棉绳剪成以下数量和尺寸：
4根，每根长3.4m；
2根，每根长6m；
1根，长7.4m（用来制作最上端的吊环）；
1根，长8.6m（用来制作最上端的吊环和最下端的缠绕结）。

制作步骤

步骤1

将4根3.4m长的绳子和2根6m长的绳子平行放在地面上，每根绳子的中点对齐。这些绳子将作为顶部吊环的填充绳使用。将剩下的2根绳子（7.4m和8.6m）的一端与2根6m长的绳子的任意一端对齐。这2根绳子将作为顶部吊环的编织绳使用。

步骤2

用编织绳较长的一端，也就是没有和其他绳子对齐的一端，在填充绳的中间位置编出一条11个平结组成的平结绳。确保使用的是编织绳较长的一端，另外一端与长6m的绳子保持齐平。

步骤3

将平结绳弯成一个吊环。用编织绳较长的一端，绕着所有填充绳编一段右旋半平结，长约6cm，含10~15个绳结。

步骤4

将所有绳子分成4股，每股含2条长绳和2条短绳。每一股绳子都编15个平结，做成一段结绳。

步骤5

每股绳子向下留出约10cm的距离，然后编一个平结。在每一股绳子的2根填充绳上穿入一个木珠，在木珠下再编一个平结。

步骤6

在平结下编一段右旋半平结，约13cm长，含20~24个绳结。

步骤7

接下来制作下方的网兜。编两排交替平结，每一排结上下都保留6~7cm的间距。

步骤8

将所有绳子系在一起，编一段4股皇冠结。将拳头放在桌上，盆栽吊篮上下倒放，握住绳子尾部，让绳子下垂便于编织。皇冠结长约6~7cm，含5~6个绳结。

步骤9

取最长的绳子，绕着所有绳子编一段5~6cm长的缠绕结。

步骤10

至步骤9盆栽吊篮除了染色之外就全部完成了！接着按照说明进行染色，只需将盆栽吊篮的尾端浸入染料即可。如果想要尾端呈现磨损效果，需要在染色前将尾端做磨损处理，然后用刷子梳理，否则颜色无法浸透绳子。

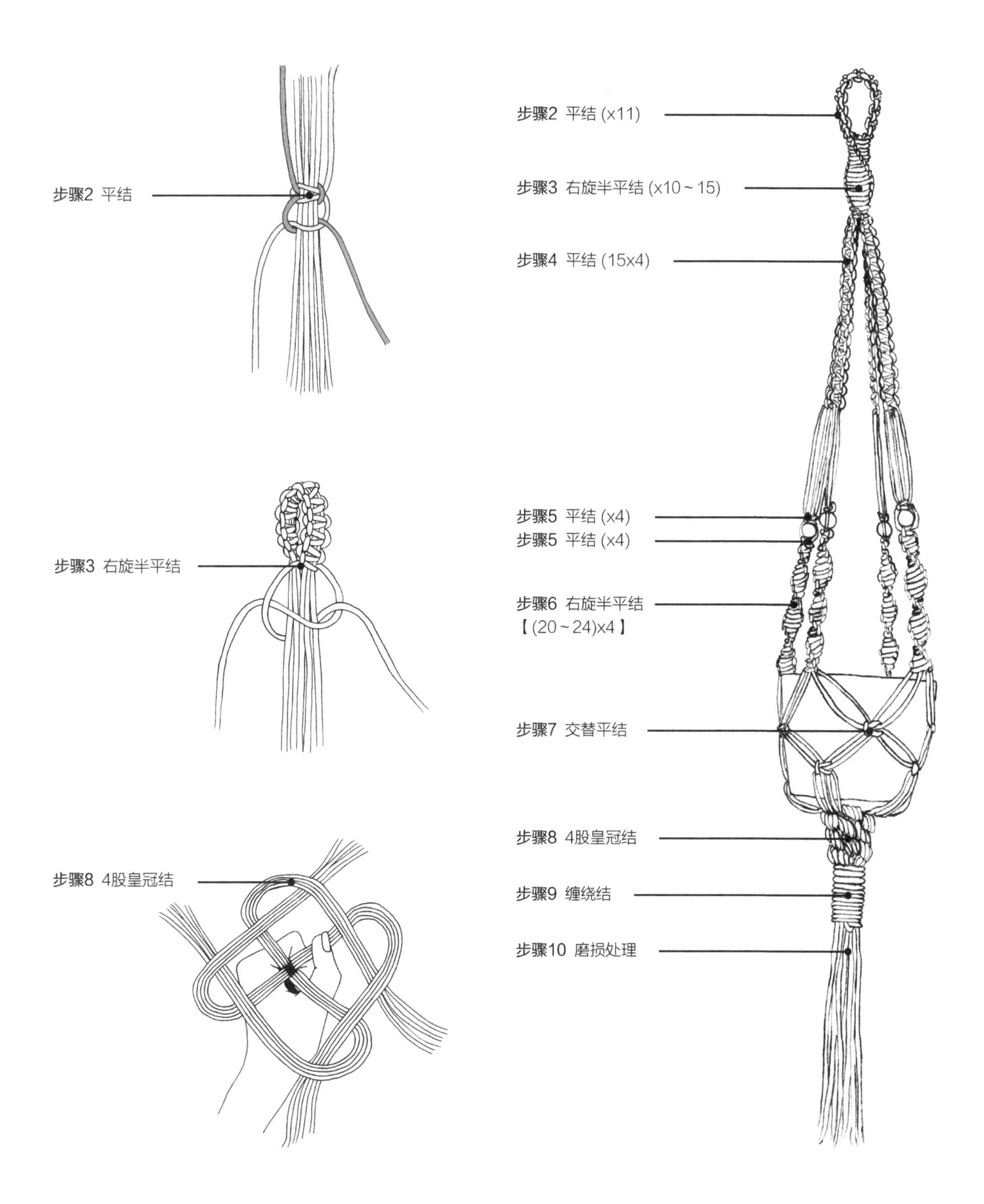
步骤2 平结
步骤3 右旋半平结
步骤8 4股皇冠结
步骤2 平结 (x11)
步骤3 右旋半平结 (x10～15)
步骤4 平结 (15x4)
步骤5 平结 (x4)
步骤5 平结 (x4)
步骤6 右旋半平结
【(20～24)x4】
步骤7 交替平结
步骤8 4股皇冠结
步骤9 缠绕结
步骤10 磨损处理

小蜜蜂盆栽吊篮

这件盆栽吊篮长120cm，因其黄色小环让人想到蜜蜂的翅膀，所以我把它叫作小蜜蜂盆栽吊篮。也可以将花边平结换成交替平结。

所用绳结

反手结 → 12页
吊环下的缠绕结 → 18页
平结→ 12 页
平结绳 → 12 ~ 13页
花边平结 → 13页
约瑟芬结 → 20页
4股皇冠结 → 19页

材料

棉绳（长38m，直径2.5mm）
木环（直径4~5cm）
8个木珠（直径2~2.5cm，孔径6~10mm）

工具

刷子
钩针（穿木珠时使用）

准备工作

事先将棉绳剪成以下数量和尺寸：
4根，每根长3m（用作填充绳）；
3根，每根长6m（用作编织绳）；
1根，长8m（用作编织绳，同时也用来制作缠绕结）。

制作步骤

将一根3m长的绳子和一根6m长的绳子配成一组（一共3组），穿过木环，从中间对折，然后把4根绳子束在一起编一个反手结，防止滑落。剩下一根3m长的填充绳和一根8m长的编织绳也穿过木环，从中间对折，将填充绳的两端和编织绳的一端束在一起编反手结，编织绳的另外一端散开。

步骤1

用编织绳松开的一端将所有绳子都束在一起，编一个4~5cm的缠绕结。

步骤2

解开只有3条绳子的反手结，加上刚才编缠绕结的编织绳一共4根，用2根长绳作编织绳编出一条17个平结组成的平结绳。依次解开剩下的3组反手结，也各编出17个平结，注意每次只解开一个，编完一个后再解开下一个。

步骤3

接着编2个花边平结，用钩针将木珠穿入填充绳，然后在木珠下再编2个花边平结。另外3组也如此操作。

步骤4

再编一条6个平结组成的平结绳，另外3组绳子也如此操作。

步骤5

编3个花边平结，将木珠穿入填充绳，然后在木珠子下再编3个花边平结。另外3组绳子也如此操作。

步骤6

再编一条9个平结组成的平结绳，另外3组绳子也如此操作。

步骤7

接下来制作下方的网兜。从每组绳子中分别拿出一根填充绳和一根编织绳，两个相邻组的4根绳子一起编织一个约瑟芬结，与上面的绳结相距约10cm。

步骤8

盆栽吊篮上下倒放，拳头放在桌上，握住所有绳子，绳子分成4组，绳子下垂便于编织，编5~6组4股皇冠结，皇冠结与约瑟芬结间距约10cm。

步骤9

取最长的绳子，绕着所有绳子编一段4~5cm长的缠绕结。

步骤10

对所有绳子末端做磨损处理，然后用刷子梳理，使穗子更加蓬松。

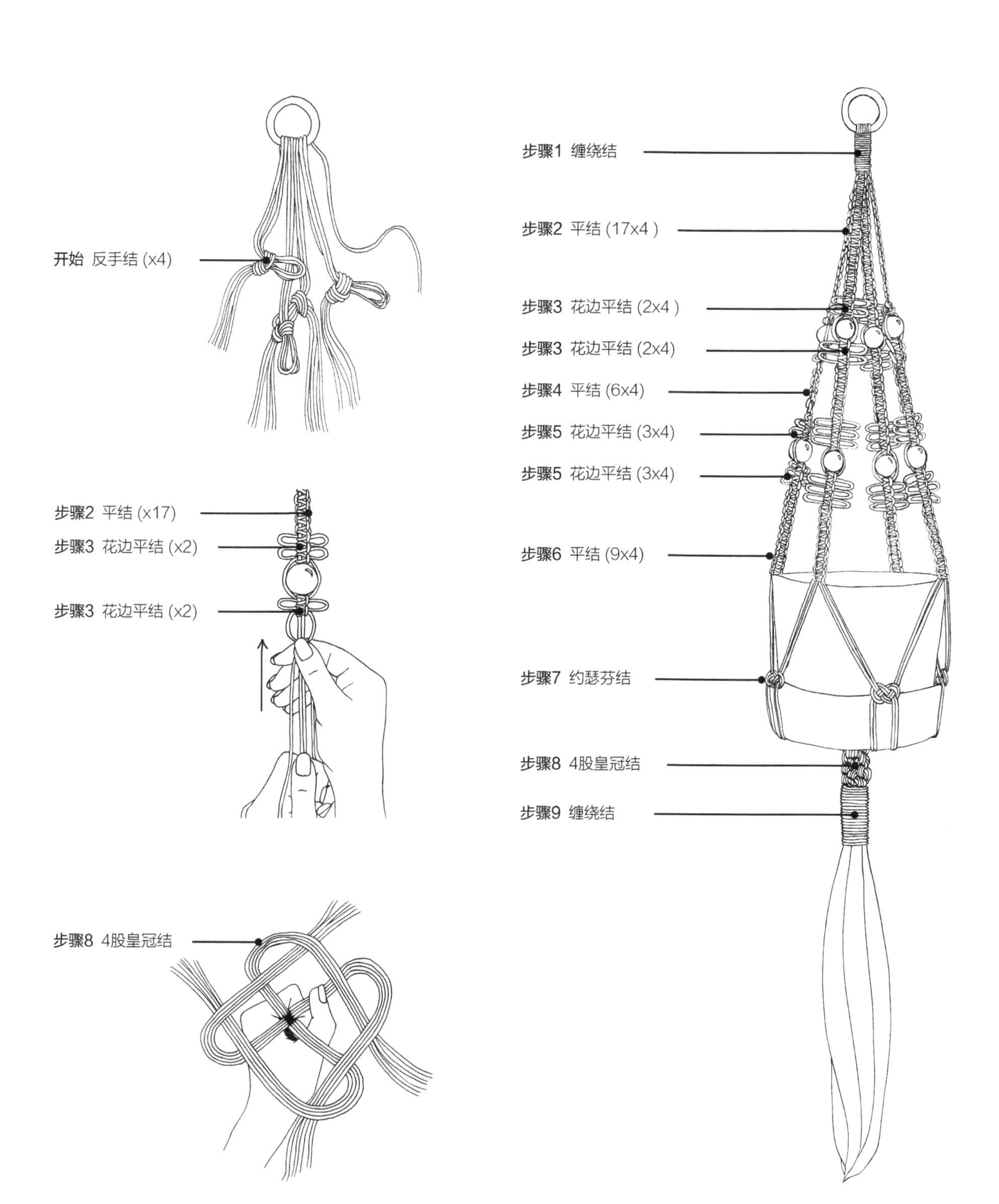
开始 反手结 (x4)
步骤2 平结 (x17)
步骤3 花边平结 (x2)
步骤3 花边平结 (x2)
步骤8 4股皇冠结
步骤1 缠绕结
步骤2 平结 (17x4)
步骤3 花边平结 (2x4)
步骤3 花边平结 (2x4)
步骤4 平结 (6x4)
步骤5 花边平结 (3x4)
步骤5 花边平结 (3x4)
步骤6 平结 (9x4)
步骤7 约瑟芬结
步骤8 4股皇冠结
步骤9 缠绕结

双盆盆栽吊篮

双盆盆栽吊篮长140cm，是将更多植物组合在一起的好工具！制作方法和单盆盆栽吊篮一样，但在编完第一个盆栽吊篮下方的皇冠结之后需要重复编织，完成另外一个盆栽吊篮。

所用绳结

反手结 → 12页
缠绕结 → 18页
右旋半平结 → 14页
平结 → 12页
交替平结 → 13页
4股皇冠结 → 19页

材料

棉绳（长45m，直径2.5mm）
木环（直径4~5cm）
8个木珠（直径2~2.5cm、孔径6~10mm）

工具

钩针或绣针（穿木珠时使用）

准备工作

事先将棉绳剪成以下数量和尺寸：
4根，每根长4m（用作填充绳）；
3根，每根长6.8m（用作编织绳）；
1根，长8m（用作编织绳，同时也用来制作缠绕结）。

制作步骤

将一根4m长的绳子和一根6.8m长的绳子配成一组，穿过木环，从中间对折，然后把4根绳子束在一起编一个反手结，防止滑落。剩下的绳子也如此处理，只余下一根4m长的填充绳和一根8m长的编织绳。将这最后一组填充绳和编织绳也穿过木环，从中间对折。将填充绳的两端和编织绳的一端束在一起编一个反手结，编织绳另外一端散开。

步骤1

用编织绳松开的一端将所有绳子都束在一起，编一个3~4cm长的缠绕结。

步骤2

解开只有3条绳子的反手结，加入刚刚编缠绕结的编织绳。用2根长绳作编织绳编一段右旋半平结，形成一条长约18cm的螺旋。

步骤3

在右旋半平结下方4cm处编1个平结。

步骤4

用钩针或绣针将木珠穿入2根填充绳。在木珠下再编1个平结。

步骤5

留出4cm的间距，用右旋半平结编一段长约8cm的螺旋。

步骤6

依次解开其他3组反手结，重复步骤2到步骤5。

步骤7

在螺旋下方6cm处，从每组绳子中分别拿出一根填充绳和一根编织绳，两个相邻组的4根绳子一起编织交替平结。完成后，4组绳子形成网状。在每个交替平结下方再编2个平结。

步骤8

将4组绳子分别用反手结系住，便于后续4股皇冠结的制作。

步骤9

在平结下方6cm处，编3组皇冠结，具体操作可参考43页图示。

步骤10

开始编第二个盆栽吊篮。解开一组绳子，用长绳作为编织绳，在皇冠结下方用右旋半平结编出一条8cm长的螺旋。

步骤11

在螺旋下方4cm处编1个平结。将木珠穿入填充绳，然后在木珠下面再编1个平结。

步骤12

在平结下4cm处，用右旋半平结再编一段8cm长的螺旋。

步骤13

重复步骤10到步骤12，将其他3组绳子也处理好。

步骤14

重复步骤7中的做法，用相邻两组绳子编一排交替平结，但这次要在螺旋下方8cm处编织，以形成更大的网兜，可以容纳更大的花盆。在交替平结下面再编3个平结。

步骤15

将4组绳子分别用反手结系住，距离上方的交替平结6cm处，编织5组皇冠结。

步骤16

用最长的绳了，在皇冠结下面编出一段5cm长的缠绕结。将所有的绳子剪成一样长，再将末端做磨损处理。

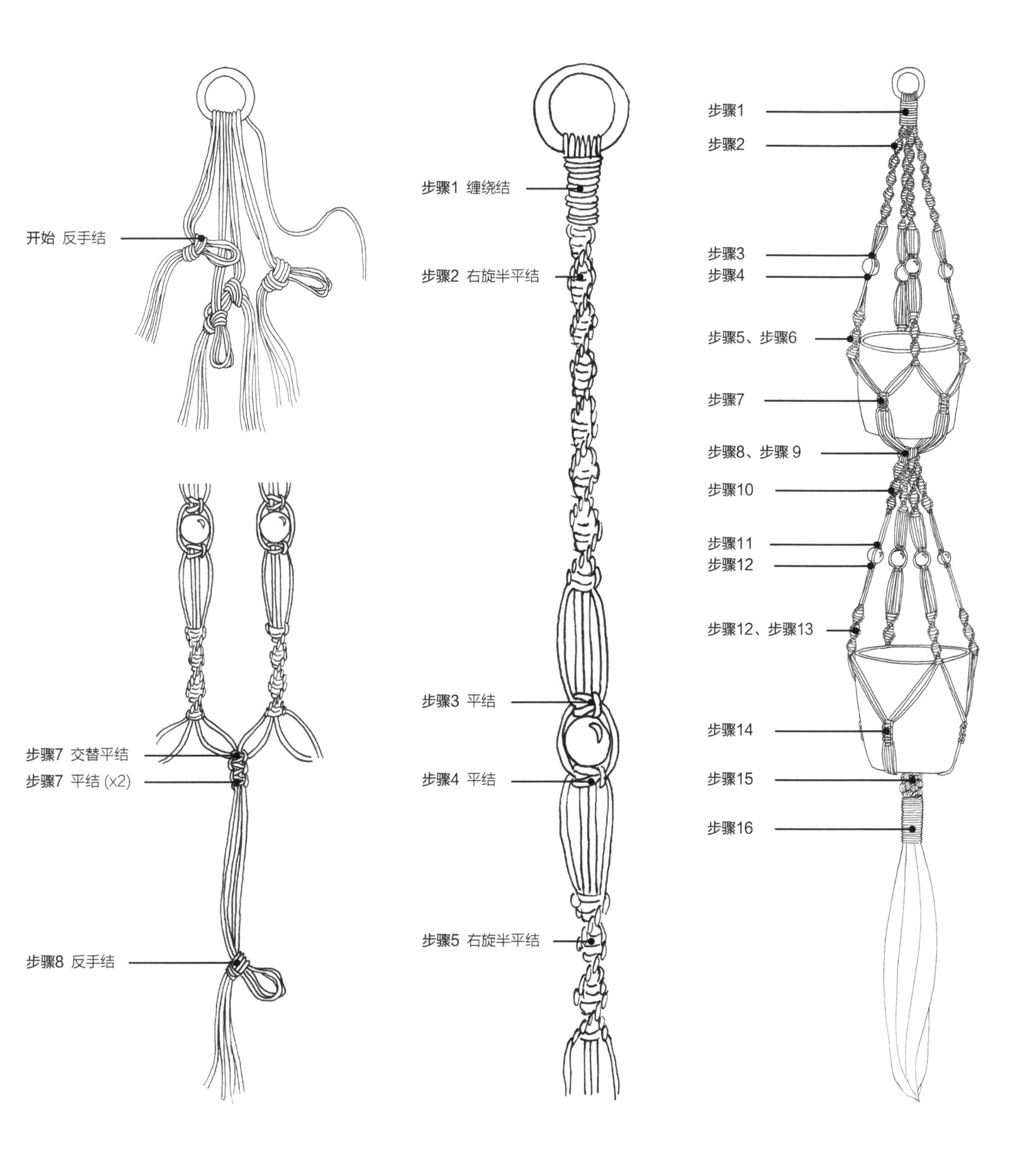
开始 反手结
步骤7 交替平结
步骤7 平结 (x2)
步骤8 反手结
步骤1 缠绕结
步骤2 右旋半平结
步骤3 平结
步骤4 平结
步骤5 右旋半平结
步骤1
步骤2
步骤3
步骤4
步骤5、步骤6
步骤7
步骤8、步骤 9
步骤10
步骤11
步骤12
步骤12、步骤13
步骤14
步骤15
步骤16

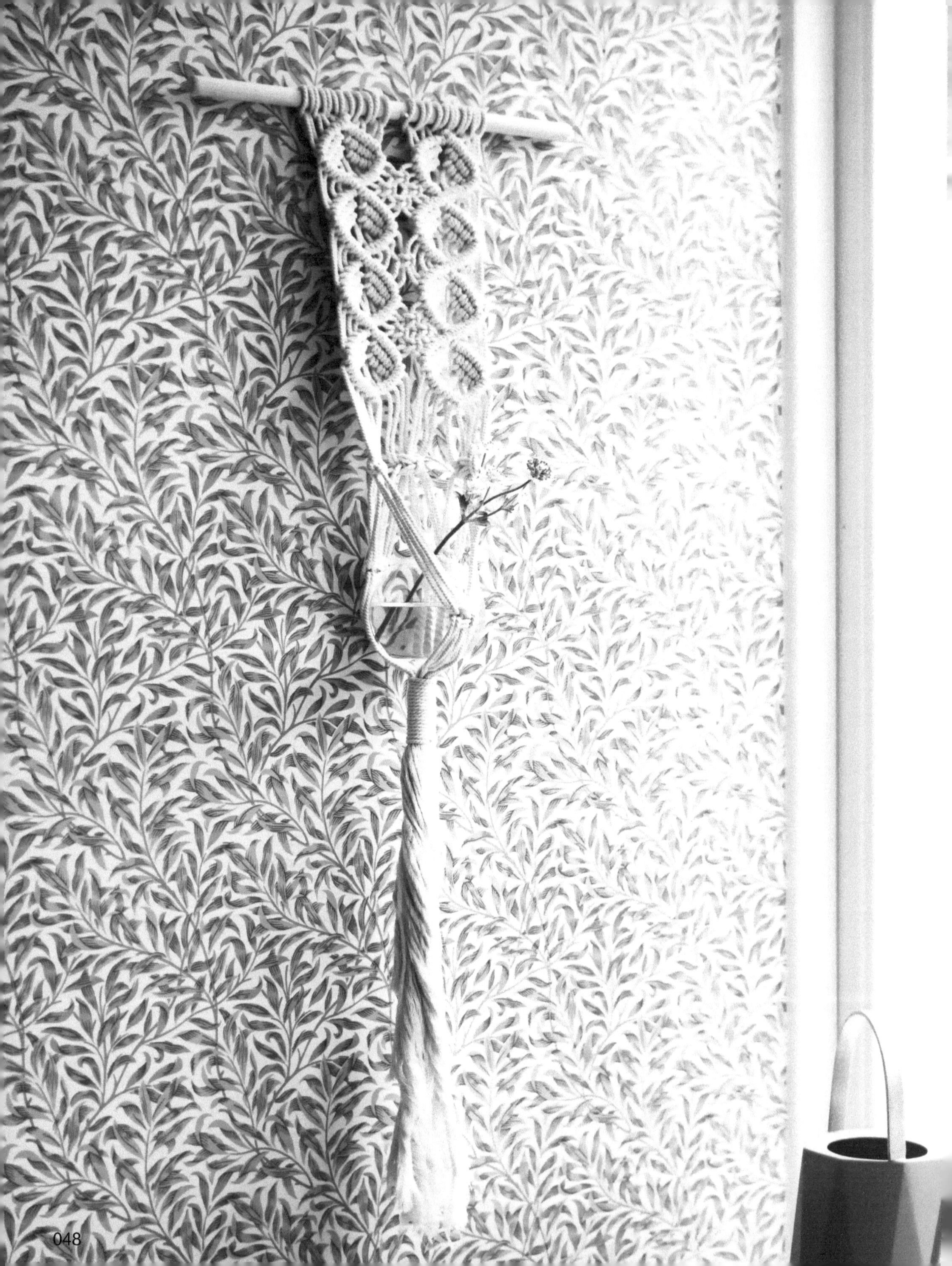

阿加莎植物壁挂

这件作品可以直接装饰在墙面上，上半部分是一个壁挂，下半部分则是一个盆栽吊篮。上半部分的图案也可以用于制作一幅完整的墙面壁挂。本案例盆栽吊篮长75cm、宽12cm，可以容纳一个直径10~12cm的小花盆。

所用绳结

反向雀头结 → 15页
斜卷结 → 16页
平结 → 12页
交替平结 → 13页
缠绕结 → 17页

材料

棉绳（长42m，直径2.5mm）
木棍（长30cm）

准备工作

事先将棉绳剪成以下数量和尺寸：
11根，每根长3.4m；
1根，长4m。

将11根3.4m长的绳子从中间对折，用反向雀头结系在木棍上。将4m长的绳子折叠，一半长1.7m，另一半长2.3m，并用反向雀头结系在木棍的任意位置。将12根绳子均分成两组制作图案的左右部分，中间的8根绳子编交替平结将两个部分连接起来。

制作步骤

步骤1

将6号绳和19号绳拉到中间，作为第一排斜卷结的填充绳。按顺序用7~12号绳在6号绳上编斜卷结，用18~13号绳在19号绳上编斜卷结，左右两边各完成6个斜卷结。

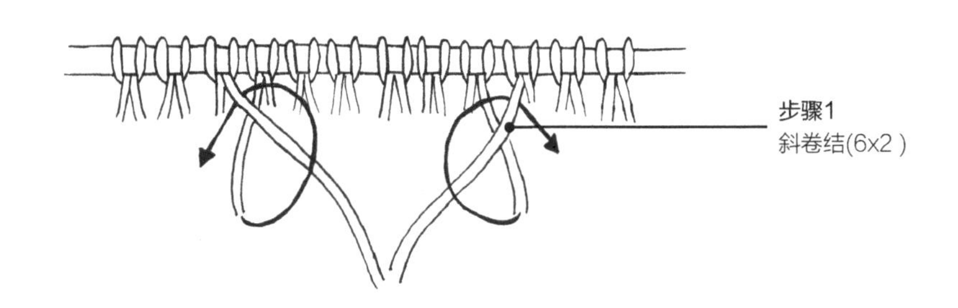

步骤2

将6号绳和19号绳再次作为填充绳，分别向左下和右下完成一排斜卷结。

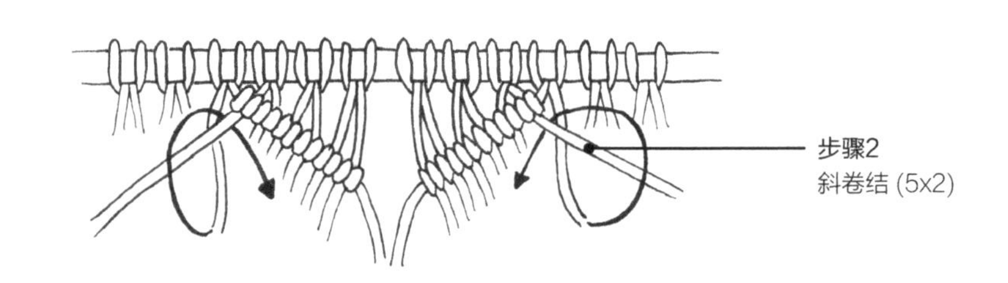

步骤3

在每个方向上的第二排编出4个斜卷结，第三排编出3个斜卷结。然后将1号、12号、13号、24号绳作为填充绳，继续往下编斜卷结。1号绳和12号绳弯过来对在一起，13号绳和24号绳弯过来对在一起，在每根填充绳上各编5个斜卷结。再将1号绳和24号绳作为填充绳，12号绳和13号绳作为编织绳，各编一个斜卷结，使图案闭合起来。

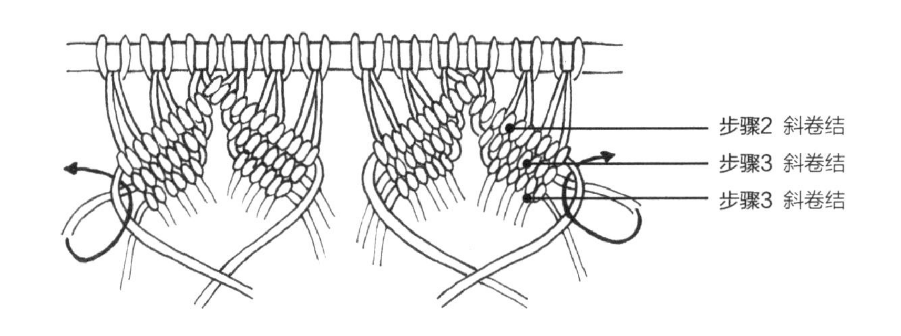

步骤4

用中间的4根绳子（11~14号绳）编一个平结，将两部分连接起来。在第一个平结下方再编2个交替平结，交替平结下方再编一个平结，完成连接部分。

步骤5

重复步骤1到步骤4，但中间连接部分只编一个平结即可。

步骤6

再次重复步骤1到步骤4，然后重复步骤1到步骤3，完成盆栽吊篮的上半部分。

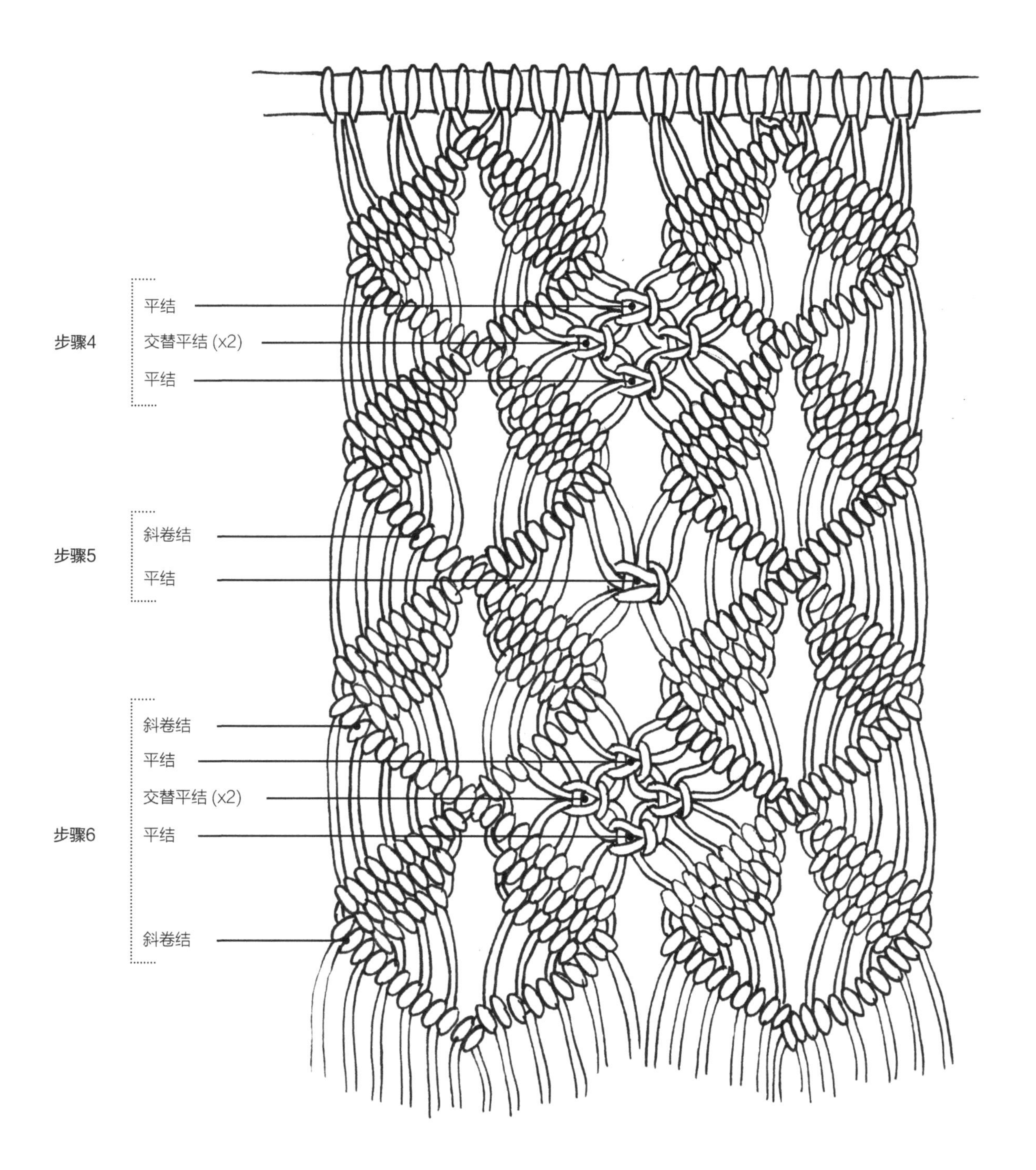
步骤4
平结
交替平结 (x2)
平结
步骤5
斜卷结
平结
步骤6
斜卷结
平结
交替平结 (x2)
平结
斜卷结

步骤7

做出盆栽吊篮下半部分的网状图案，需要将绳子三等分，8根绳子为一组编一个平结。平结与卷结间距4~5cm。

步骤8

距平结约6cm处，编2个交替平结。

步骤9

接着从左右两边拿取剩下的4根绳子，在第2排绳结的前方编一个交替平结，这个结要比第二排的2个结低约3cm。

步骤10

接下来完成盆栽吊篮的最后一步。取较长的那根绳子，绕着所有绳子编一个4cm长的缠绕结。这个缠绕结要与上面的2个交替平结和1个平结分别留出约9cm和6cm的距离。将所有的绳子修剪成一样的长度，并将末端做磨损处理。

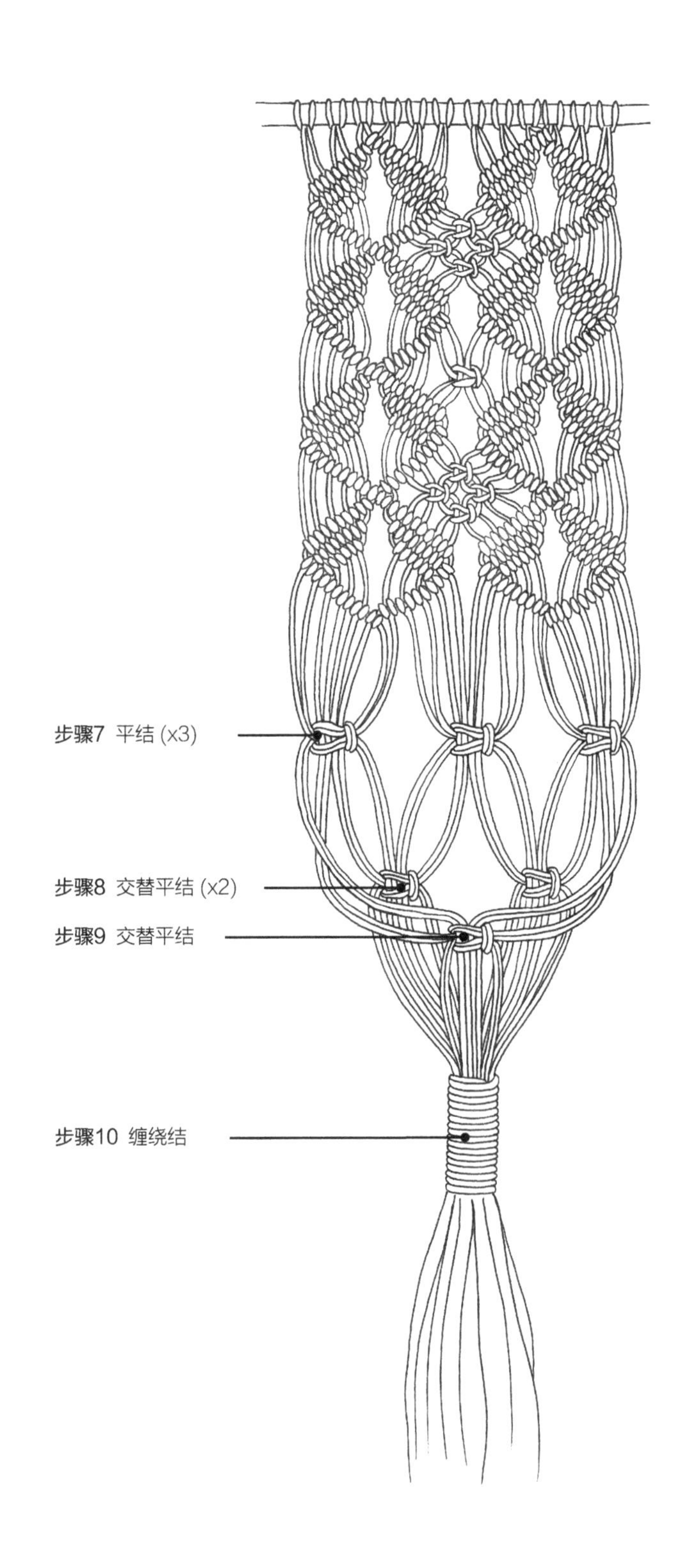

小贴士

在绳网中间放上一个小花盆，通过向上或向下拉动缠绕结中的3组绳子，使缠绕结正好位于花盆底部的中心点上，最后拉紧绳子。

约瑟芬植物壁挂

这件盆栽吊篮也能直接挂于墙上，而且图案样式更加宽松。盆栽吊篮长115cm，呈现出浓浓的波西米亚风格，特别适合与彩色墙壁相搭配。

所用绳结

反向雀头结 → 15页

左右交替螺旋半结 → 17页

右旋半平结 → 14页

左旋半平结 → 14页

平结 → 12页

平结绳 → 12~13页

右向平结 → 12页

左向平结 → 12页

约瑟芬结 → 20页

缠绕结 → 17页

材料

棉绳（长30m，直径4mm）

浮木或木棍（长40cm）

准备工作

事先将棉绳剪成以下数量和尺寸：

2根，每根长4m；

6根，每根长3.6m。

将所有绳子从中间对折，用反向雀头结系在浮木（或木棍）上，6根3.6m长的绳子放在2根4m长的绳子之间。

制作步骤

步骤1

距反向雀头结7cm处，用1号绳和2号绳，15号绳和16号绳，分别编8个左右交替螺旋半结。

步骤2

距反向雀头结5cm处，用3~6号绳编6个右旋半平结，11~14号绳编6个左旋半平结。

步骤3

距反向雀头结5cm处，用7~10号绳编4个平结。

步骤4

距上方绳结5cm处，用4~7号绳作为填充绳，3号绳和8号绳作为编织绳编一个右向平结。用9~14号绳编一个左向平结。

步骤5

用最中间的2根绳子（8、9号绳）编一个约瑟芬结，与上面绳结的间距为4cm。

步骤6

在左右交替螺旋半结下方5cm处，用1~4号绳编一段11cm长的右旋半平结，用13~16号绳子编一段11cm长的左旋半平结。

步骤7

在约瑟芬结下方5cm处，用5~8号绳编一个右向平结，用9~12号绳编一个左向平结。

步骤8

平结下方2cm处，用7~10号绳子编第二个约瑟芬结。

步骤9

在约瑟芬结下方2cm处，用5~8号绳编一个右向平结，用9~12号绳编一个左向平结。

步骤10

平结下方2cm处，用8号绳和9号绳编第三个约瑟芬结。

步骤11

从左右两侧的螺旋结中分别拿出4号绳、13号绳，和中间的8号绳、9号绳一起用作编织绳，5~7号绳和10~12号绳分别作为填充绳，编一个右向平结和一个左向平结。与上方的约瑟芬结间距2cm。

步骤12

向下5cm处，以6~11号绳作为填充绳，5号绳和12号绳作为编织绳编一个右向平结。

步骤13

向下5cm处，用1~4号绳编一个右向平结，用13~16号绳编一个左向平结。

步骤14

向下8cm处，分别用3~6号绳、7~10号绳、11~14号绳编3个相邻的平结。

步骤15

以2号绳和15号绳作为编织绳，1号绳和16号绳作为填充绳，在3个平结前方编另一个平结，完成盆栽吊篮的网兜结构。

步骤16

用最长的一根绳子绕着所有绳子编一个缠绕结。编缠绕结时握住所有绳子，使前方1个平结的绳子比后方3个平结的绳子更松一些。最后将缠绕结下方所有绳子剪成想要的长度。

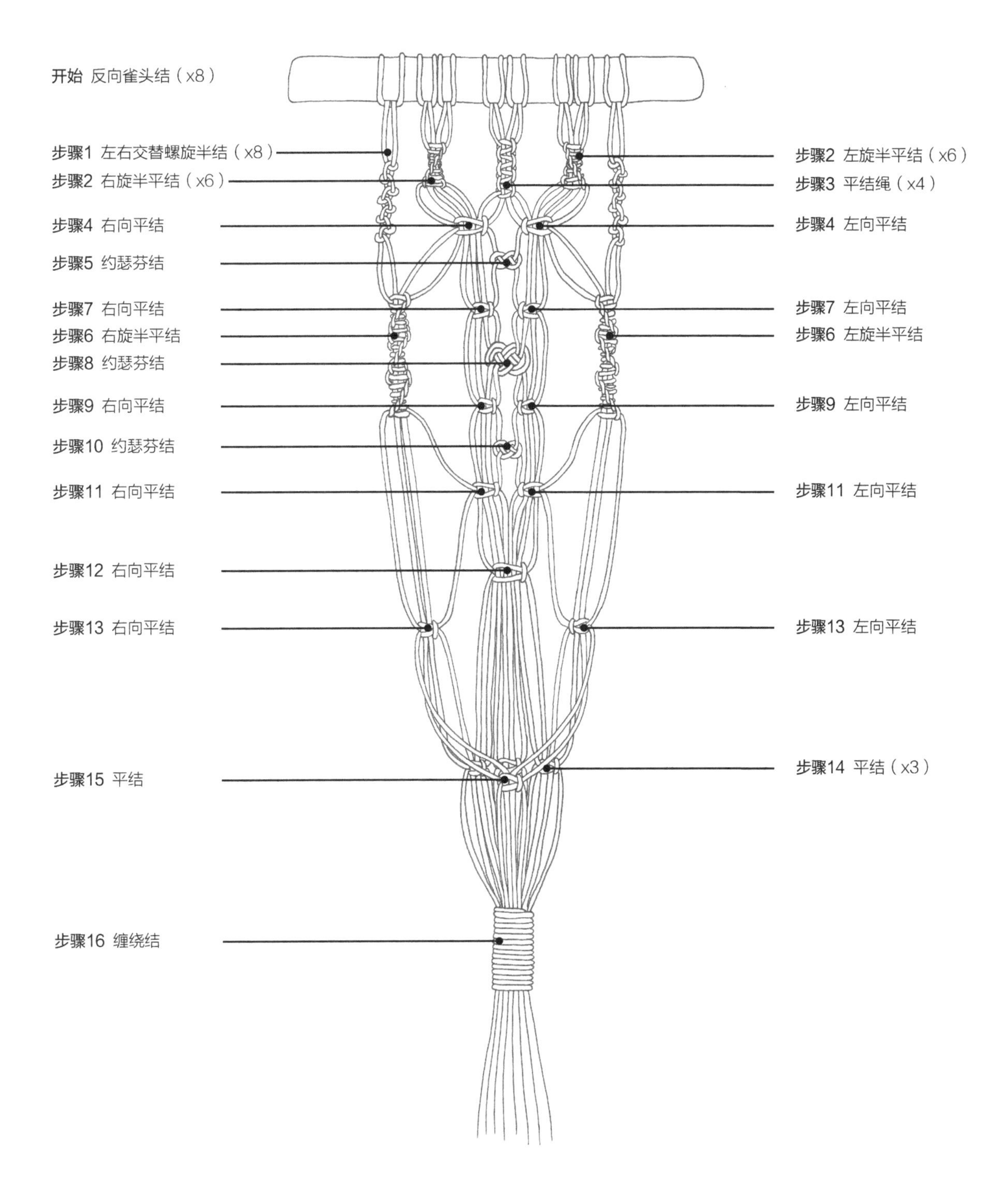
开始 反向雀头结（x8）
步骤1 左右交替螺旋半结（x8）
步骤2 右旋半平结（x6）
步骤2 左旋半平结（x6）
步骤3 平结绳（x4）
步骤4 右向平结
步骤4 左向平结
步骤5 约瑟芬结
步骤7 右向平结
步骤7 左向平结
步骤6 右旋半平结
步骤6 左旋半平结
步骤8 约瑟芬结
步骤9 右向平结
步骤9 左向平结
步骤10 约瑟芬结
步骤11 右向平结
步骤11 左向平结
步骤12 右向平结
步骤13 右向平结
步骤13 左向平结
步骤14 平结（x3）
步骤15 平结
步骤16 缠绕结

威尔玛壁挂

这是个长75cm、宽22cm的小型壁挂。它的图案样式简单，很容易完成。还可以根据个人喜好进行改变，比如可以增加绳子的数量增加成品的宽度，也可以增加珠子的数量……总之，这是一个可以尽情发挥创意的样式！

所用绳结

反向雀头结 → 15页

横卷结 → 16页

材料

棉绳（长56m，直径2.5mm）

木棍（长40cm）

7个木珠（直径2cm）

准备工作

事先将棉绳剪成以下数量和尺寸：

18根，每根长2.8m；

1根绳子，长3.9m（用作横卷结的填充绳）。

将18根绳子从中间对折，用反向雀头结系在木棍上。将3.9m长的绳子折叠成一半1.4m，一半2.5m，用反向雀头结系在其他绳子的右侧。

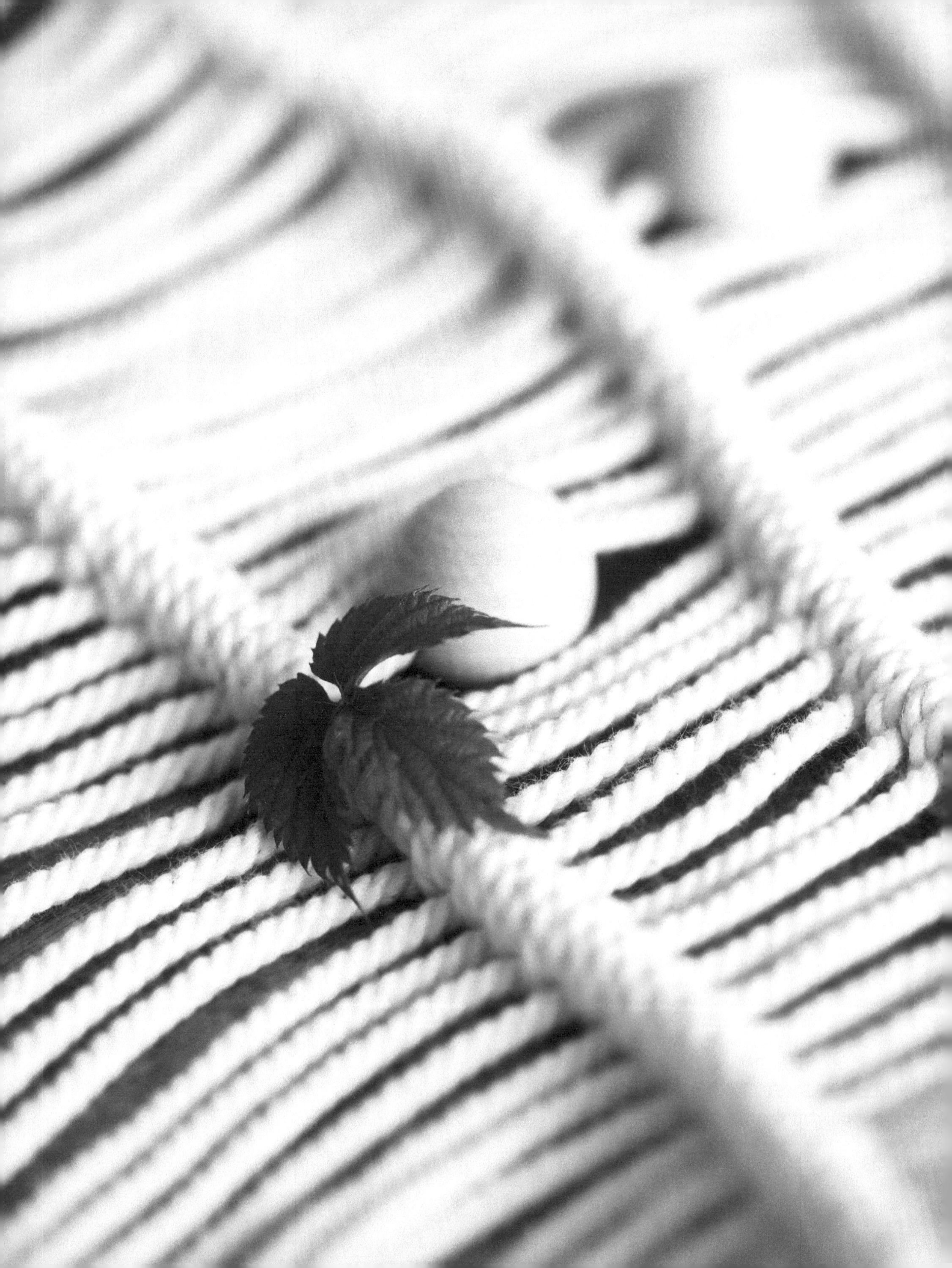

制作步骤

步骤1

将最长的一根绳子作为填充绳，从右向左编37个横卷结。这一排卷结要紧贴在木棍下方。

步骤2

将填充绳弯折回来横穿整个作品主体，然后从左向右编第二排横卷结。当编到第26根绳子时（右数第12根），穿入一颗木珠，在木珠的下方编横卷结，直到完成第二排。

步骤3

对于第三、第五和第七排卷结，木珠都穿在左数第12根绳子上（不算填充绳）。对于第四和第六排卷结，木珠都穿在左数第26根绳子上（不算填充绳）。

步骤4

编最后一排时，珠子要穿在左数第19根绳子上（不算填充绳）。

步骤5

将绳子末端修剪成相同的长度。

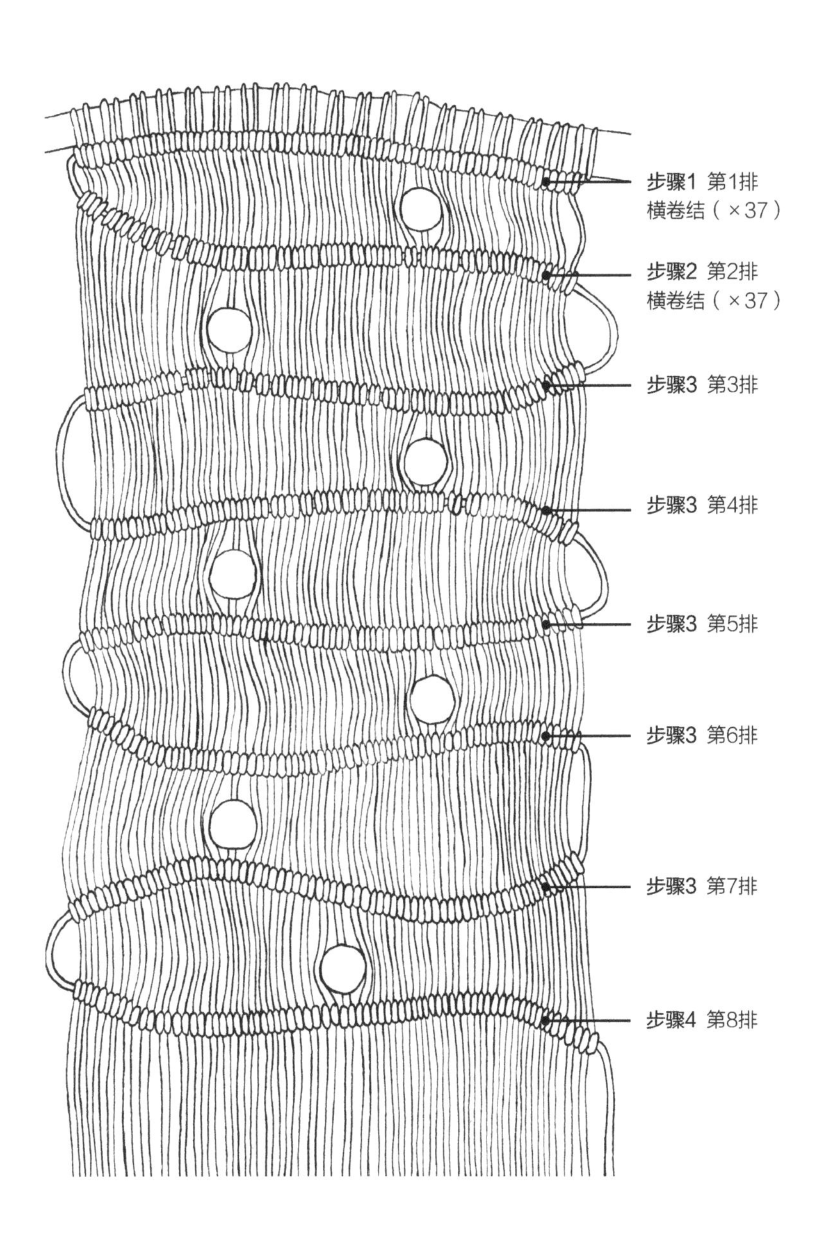

因陀罗壁挂

本案例的壁挂虽然制作简单，但非常具有装饰性。63页图中作品长75cm，宽22cm，因为使用重复的图案样式，所以可以根据自己的需要扩展得更宽更长。

所用绳结

反向雀头结 → 15页
右向平结 → 12页
交替平结 → 13页
反手结 → 12页

材料

棉绳（长51m，直径2.5mm）
木棍（长35cm）
胶带

准备工作

事先将棉绳剪成以下数量和尺寸：
18根，每根长2.8m。

用胶带缠住绳子的末端，避免磨损。将所有绳子对折，用反向雀头结系在木棍上。

如65页图所示，整个图案被分为了5个部分，当完成第五部分之后，图案将会重复第二部分至第五部分，直到完成，最后以第二部分或第三部分收尾。为了区分开每一部分，在每部分的交替平结之间要留出约6mm的距离。

制作步骤

步骤1

制作第一部分。用前4根绳子编2个右向平结，跳过4根绳子，再用接下来的4根绳子编2个右向平结，重复这一步骤直到第一排完成。然后用刚刚跳过的绳子，每4根一组编1个右向平结。

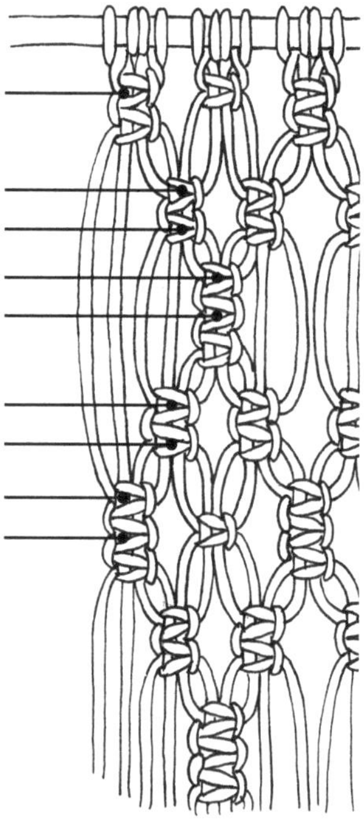

步骤2

制作第二部分。跳过前2根绳子，每4根一组编1个交替平结，直到整排完成，一共编8个交替平结。在交替平结下方分别再编1个右向平结。

步骤3

制作第三部分。跳过前4根绳子，用接下来的4根绳子编1个交替平结，再跳过4根，用之后的4根绳子编1个交替平结，重复这一步骤直到整排完成，一共编出4个交替平结。在交替平结下方分别再编2个右向平结。

步骤4

制作第四部分。跳过前2根绳子，然后每4根一组编1个交替平结，直到整排完成，一共编8个交替平结。在交替平结下方分别再编1个右向平结。

步骤5

制作第五部分。用前4根绳子编1个交替平结，在交替平结下方分别再编2个右向平结。用接下来的4根绳子编1个右向平结，位置与前面3个结中的第二个保持在同一水平线上。重复这一步骤直到整排完成，一共编出19个平结。

步骤6

重复步骤2到步骤5两次，再重复步骤2或者步骤3一次。

步骤7

将所有绳子修剪成相同长度，然后在每根绳子末端系一个反手结作为装饰。在反手结下面对每根绳子末端做磨损处理，制作出流苏效果。

步骤1 右向平结
步骤2 交替平结
步骤2 右向平结
步骤3 交替平结
步骤3 右向平结
步骤4 交替平结
步骤4 右向平结
步骤5 交替平结
步骤5 右向平结

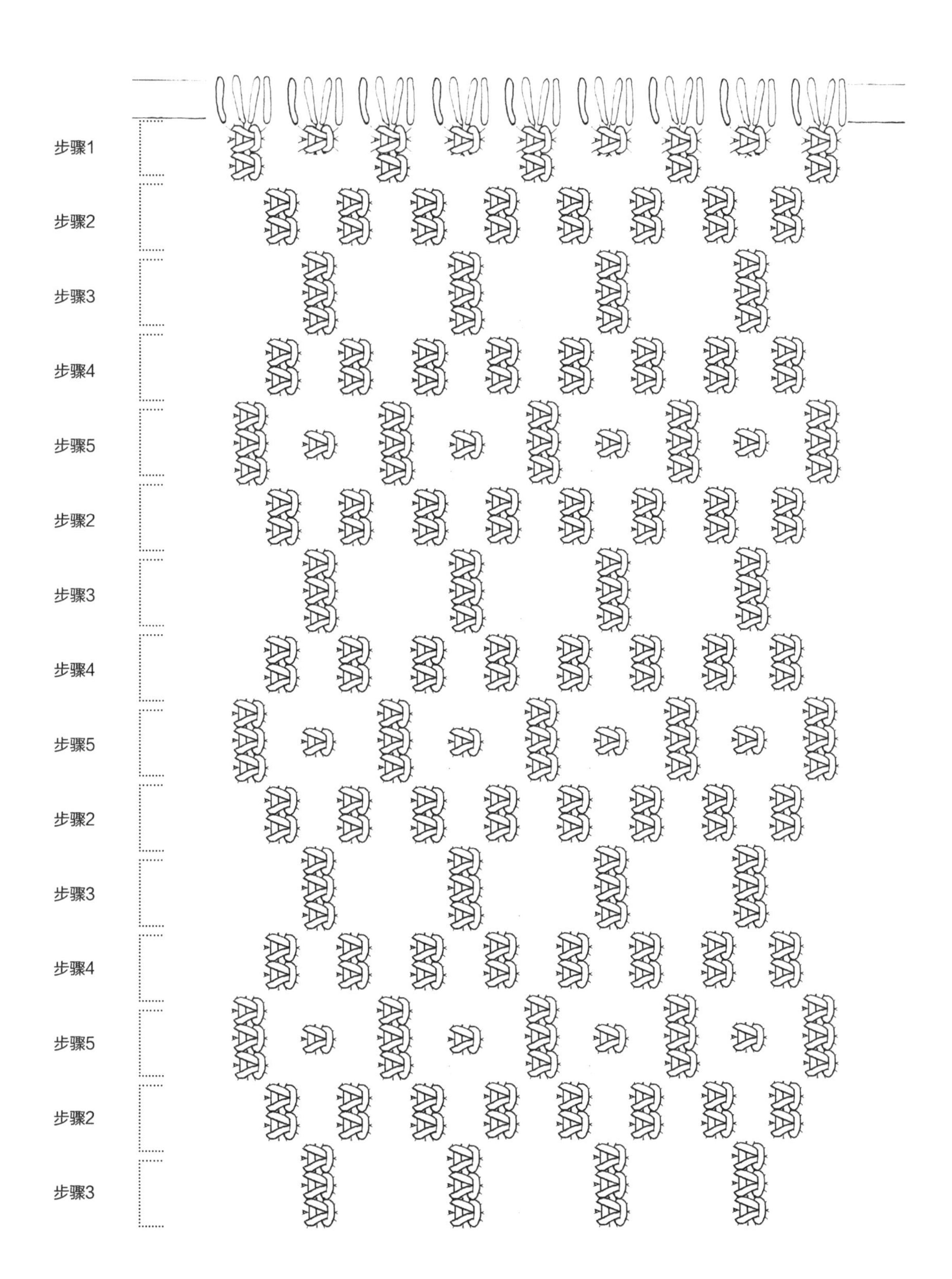
步骤1
步骤2
步骤3
步骤4
步骤5
步骤2
步骤3
步骤4
步骤5
步骤2
步骤3
步骤4
步骤5
步骤2
步骤3

亚特兰蒂斯壁挂

这款壁挂主要的焦点不在绳结上，而在引人注目的彩色穗子上。染色作品可以让你使用很少的时间完成令人震撼的美丽作品，同时还能节省材料。这个作品长65cm、宽70cm，绳子只有6个点系在树枝上，再由这几处的绳子把其他绳子连接起来。如果你有一根漂亮的树枝，这是一个非常好的展示方法。

所用绳结

雀头结 → 14页

横卷结 → 16页

材料

棉绳（长81m，直径4mm）

树枝或者金属杆（至少80cm长）

蓝色染料

工具

刷子

准备工作

事先将棉绳剪成以下数量和尺寸：

2根，每根长2.6m；

24根，每根长1.4m；

1根，长3m；

24根，每根长1.6m。

制作步骤

步骤1

取一根2.6m长的绳子，在树枝左边系2个雀头结。2个结之间保持12~15cm的距离，两侧下垂的绳端也要保持相同的长度。另外一根2.6m长的绳子重复这个操作，系在树枝的右边。

步骤2

将12根1.4m长的绳子对折，用雀头结系在步骤1中形成的绳环上。通过调整下垂绳子的两端，使系在绳环上的绳子保持紧凑。把剩下的12根1.4m长的绳子对折系在另外一边。

步骤3

先处理树枝的左侧部分。将最外侧的绳子作为填充绳，从两侧向中间各编12个横卷结。树枝右侧部分也如此处理。

步骤4

树枝左侧部分，继续用步骤2中的2根填充绳作填充绳，右边那根向左编13个横卷结，左边那根向右编12个横卷结，形成微微上弯的弧度。树枝右侧部分也重复这一过程，不过要先使用左侧的填充绳向右打结。

步骤5

制作壁挂的中间部分。将3m长的绳子用2个雀头结系在树枝上，注意将中间部分放在前面，并且与左右两侧的一端重叠，如图中所示。两侧下垂的绳子需要保持相同的长度。

步骤6

将24根1.6m长的绳子对折，用雀头结系在中间部分的绳环上。根据需要调整绳子两端，使系在绳环上的绳子保持紧凑。还可以移动左右两侧已经完成的部分，使它们在树枝上保持合适的距离。

步骤7

重复步骤3和步骤4，编织壁挂的中间部分。

步骤8

再从中间向两边编1排横卷结，一共编24个卷结。

步骤9

将绳子末端修剪成想要的长度，准备制作漂亮的穗子。

步骤10

将壁挂的穗子染出喜欢的颜色和长度。染色时可参考第70页的小贴士。

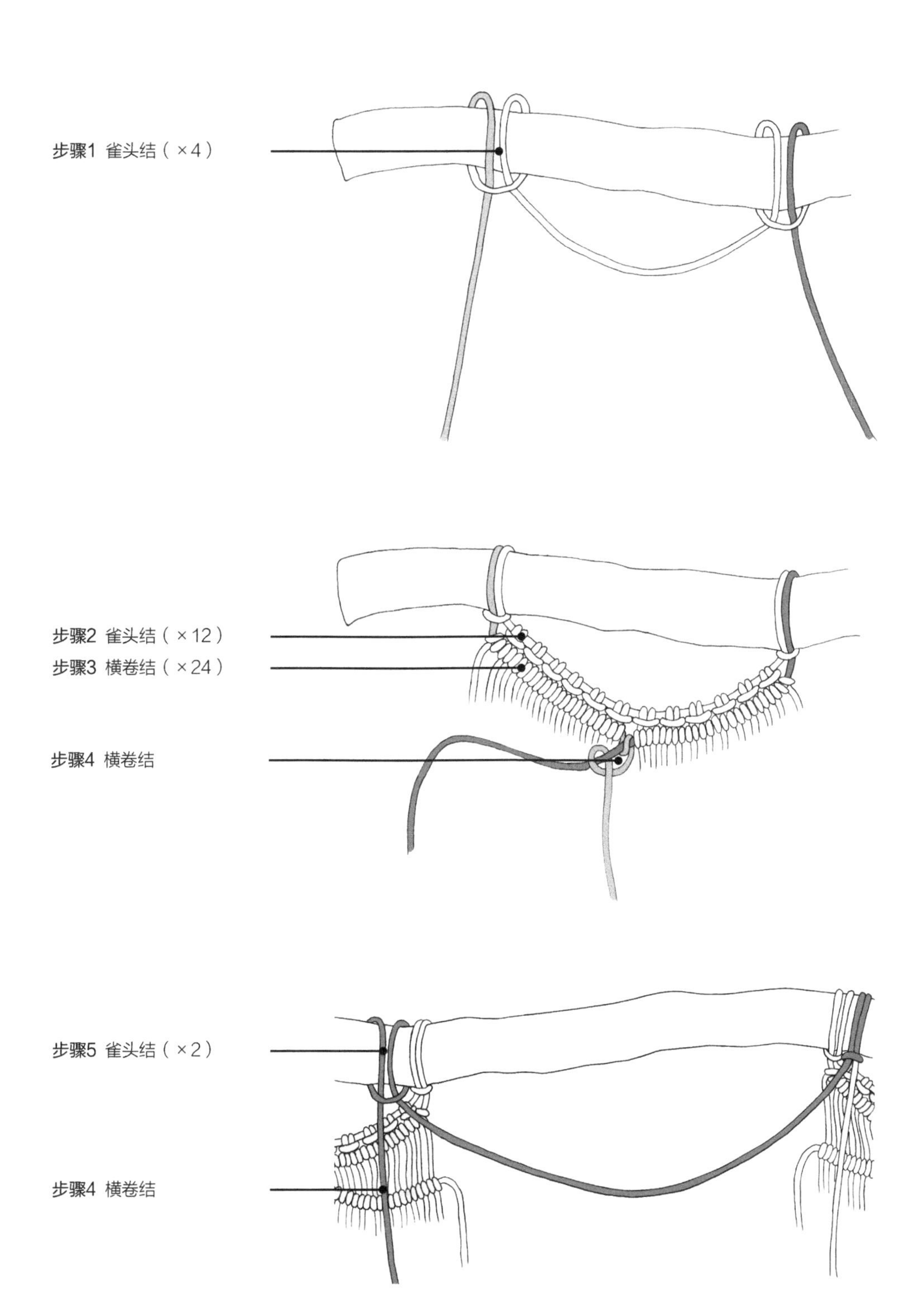

步骤1 雀头结（×4）
步骤2 雀头结（×12）
步骤3 横卷结（×24）
步骤4 横卷结
步骤5 雀头结（×2）
步骤4 横卷结

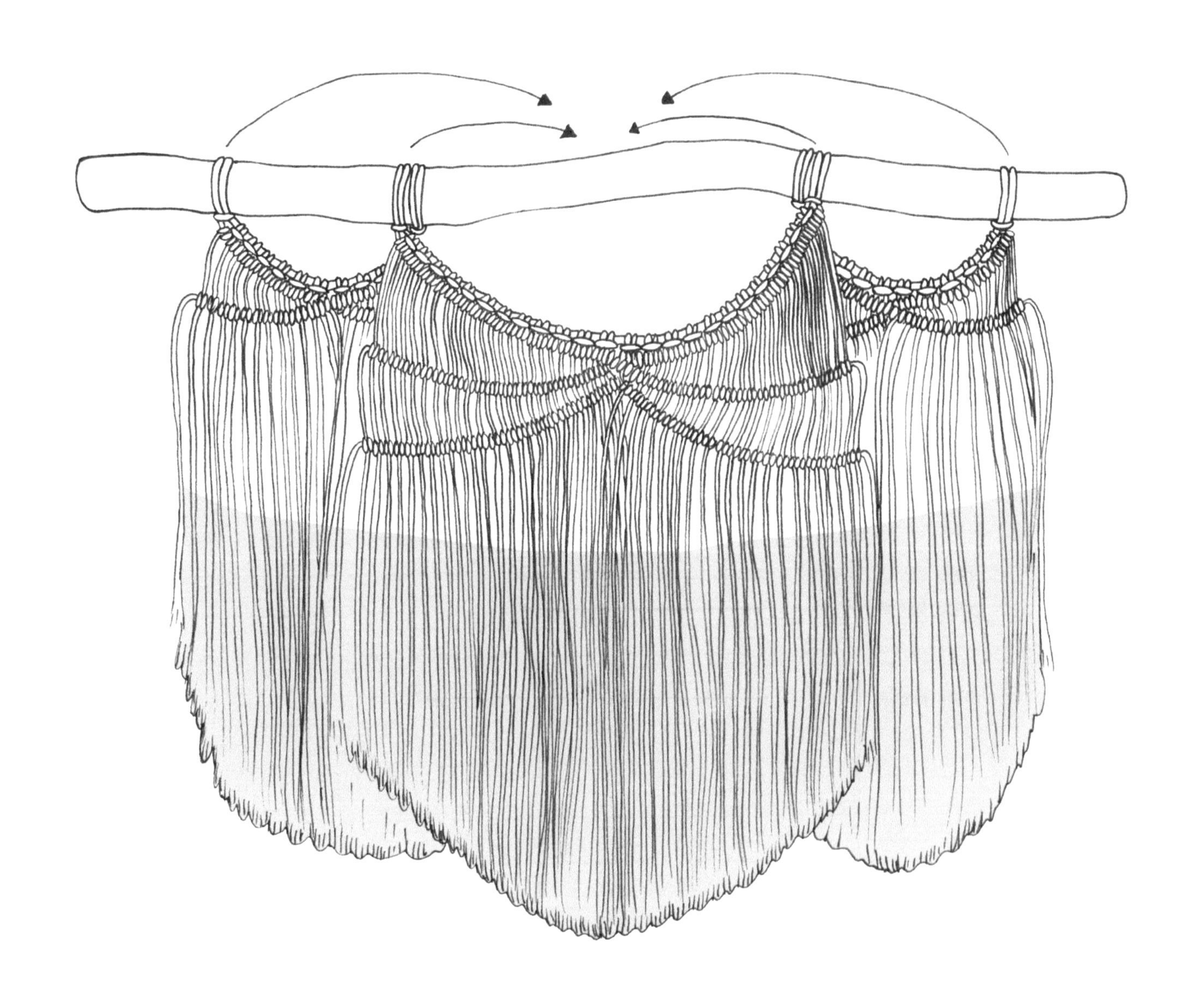

小贴士

为了使染色后的分界线呈一条直线，可以将树枝上的所有绳子都推向中心。然后把所有绳子束在一起，作为一整束进行浸染。绳子干燥后，再将它们移回到原来的位置。

奥黛丽壁挂

这款壁挂长80cm、宽35cm，结与结之间保留一定的空隙。挂在浅色墙壁上时，使用深色绳子会非常漂亮。

所用绳结

反向雀头结 → 15页
右向平结 → 12页
交替平结 → 13页
斜卷结 → 16页
反手结 → 12页

材料

棉绳（长84m，直径2.5mm）
木棍（长60cm）

工具

刷子

准备工作

事先将棉绳剪成以下数量和尺寸：
26根，每根长3.2m。

将所有绳子对折，用反向雀头结系在木棍上。

制作步骤

步骤1

在木棍下方编13个右向平结。之后跳过前2根绳子和最后2根绳子，编第二排交替平结，共12个。然后再编第三排的7个交替平结，每个结之间都要跳过4根绳子。

步骤2

编5组鱼骨图案，每组要编出4个右向平结。注意第一组、中间一组和最后一组中，最上方的第一个结要正好贴在上一步的平结下方。重复编4排鱼骨图案。鱼骨制作请参考第25页。

步骤3

用第四排鱼骨图案的填充绳作为填充绳编8条斜卷结，并排列成锯齿状的图案。每一条斜卷结中应该包含5个卷结。

步骤4

编一排交替平结，每个结之间跳过4根绳子，共编7个。与上一排间距1cm处编第二排交替平结，共12个。之后再编第三排交替平结，共13个。

步骤5

制作壁挂的下半部分。先用15~18号绳编一个交替平结，用35~38号绳子编另一个交替平结。然后依次向下完成两个含有9个交替平结的菱形，结与结之间保持1cm的距离。

步骤6

继续完成第二排的3个菱形。菱形中最上方的平结比前一排菱形中间水平线稍低一点即可。然后继续编第三排、第四排、第五排和第六排的菱形，每排分别包含2个、3个、2个、1个菱形。

步骤7

用剩下的绳子编5个反手结，其中最中间的反手结包含12根绳子，其余的均为10根。完成底部的流苏。

步骤8

进行最后的修饰，将每组绳子末端剪齐，做磨损处理，并用刷子梳理。

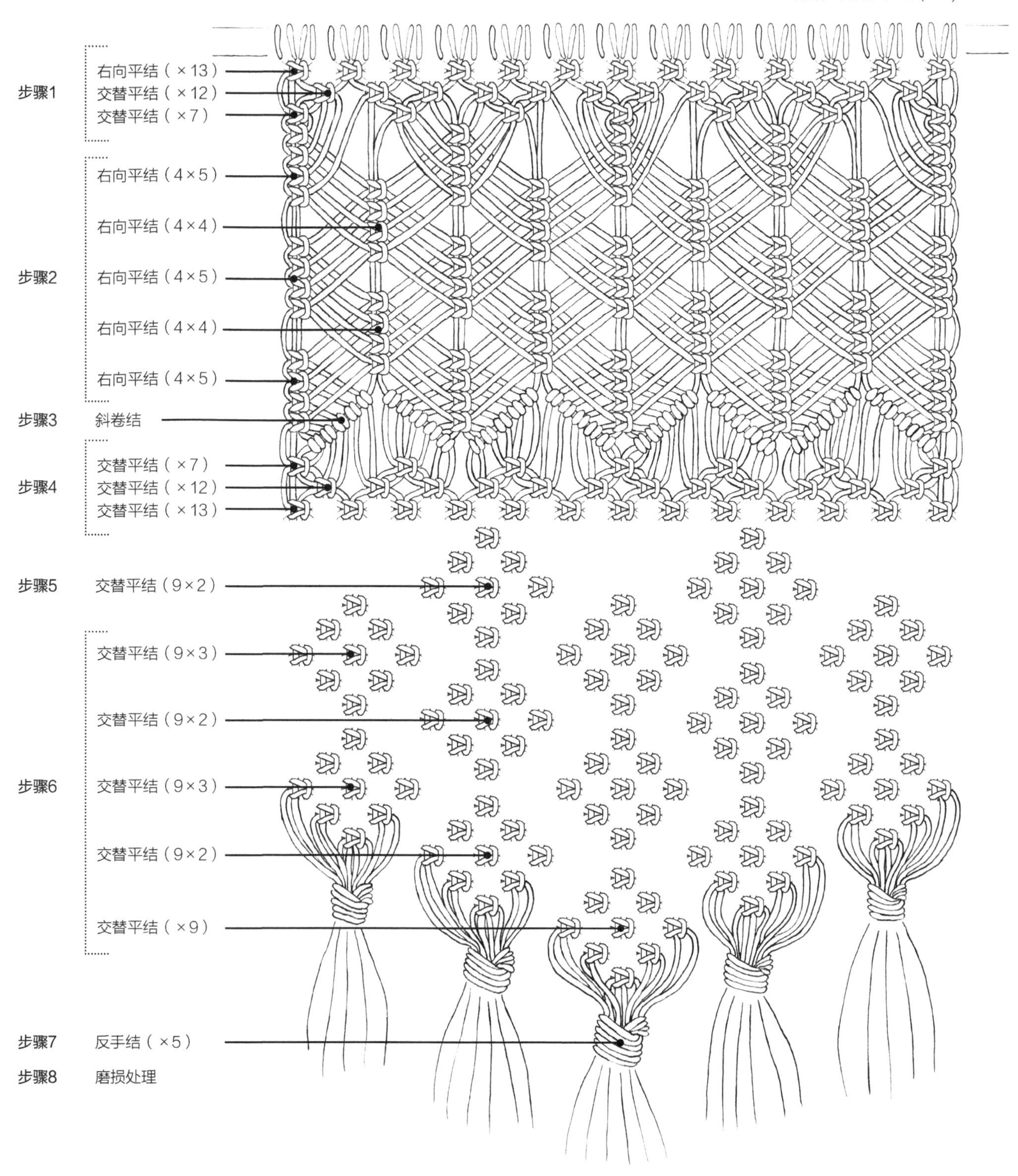
开始 反向雀头结 (x26)
步骤1
右向平结（×13）
交替平结（×12）
交替平结（×7）
步骤2
右向平结（4×5）
右向平结（4×4）
右向平结（4×5）
右向平结（4×4）
右向平结（4×5）
步骤3
斜卷结
步骤4
交替平结（×7）
交替平结（×12）
交替平结（×13）
步骤5
交替平结（9×2）
步骤6
交替平结（9×3）
交替平结（9×2）
交替平结（9×3）
交替平结（9×2）
交替平结（×9）
步骤7
反手结（×5）
步骤8
磨损处理

维拉壁挂

这款壁挂长115cm、宽75cm，整洁的几何装饰图案非常适合现代风或波西米亚风室内装饰风格。

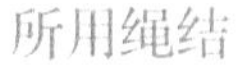

反向雀头结→15页
横卷结→16页
右旋半平结→14页
左旋半平结→14页
斜卷结→16页
交替平结→13页

材料

棉绳（长243m，直径4mm）
木棍（长100cm）

准备工作

事先将棉绳剪成以下数量和尺寸：
1根，长7.2m（作为横卷结的填充绳）；
47根，每根长5m。

绳子的编号始终为最左边是1号，最右边是96号。

制作步骤

步骤1

将7.2m长的绳子折叠成一半长4.7m，一半长2.5m，并用反向雀头结系在木棍的最左侧。其他47根5m长的绳子从中间对折，用反向雀头结系在上一根绳子的右侧。

步骤2

用最长的一根绳子作为填充绳，从左向右编一排横卷结。

步骤3

编一排共24组螺旋结构，每组螺旋结构中包含5个右旋半平结。确保最长的一根绳子留在最右侧。

步骤4

交换填充绳和编织绳，编一排共23组螺旋结构，每组螺旋结构中包含5个左旋半平结。

步骤5

再次用最长的绳子作为填充绳，从右向左编一排横卷结。

步骤6

制作第一个X形图案。将2号绳作为填充绳，从左向右编22个斜卷结，接着用48号绳作为填充绳，从右向左编23个斜卷结。为了将两条斜卷结末端连接连接起来，使用2号绳作为填充绳，48号绳作为编织绳，编一个斜卷结。重复这一步骤完成第二个X形图案，其中用49号绳作为填充绳从左向右编，用95号绳作为填充绳从右向左编。

步骤7

在步骤6完成的斜卷结下方再编一条斜卷结。第一个X形图案中，用1号绳作为填充绳从左向右编20个斜卷结，用49号绳子（之前用在第二个X形图案中）作为填充绳从右向左编21个斜卷结。第二个X形图案中，将48号绳作为填充绳，由左向右编20个斜卷结，用96号绳（最右侧的绳子）作为填充绳，由右向左编20个斜卷结。

步骤8

用43~54号绳编8个交替平结，形成一个小菱形。菱形最上方的平结和上面的斜卷结的间距5~6cm。

步骤9

继续使用步骤7中的填充绳完成X形的斜线。注意编每一个X形图案的第二排卷结时填充线都要弯折改变方向，如81页图所示。

步骤10

用位于最左边的最长的绳子作为填充绳，从左向右编一排横卷结。

步骤11

跳过前2根绳子，编一排共23组螺旋结构，每组螺旋结构包含5个左旋半平结。

步骤12

交换填充绳和编织绳，编一排共24组螺旋结构，每组螺旋中包含5个右旋半平结。

步骤13

用最长的绳子作为填充绳，从右向左编一排横卷结。

步骤14

按照步骤8中的方法使用交替平结编7个小菱形，每个菱形之间跳过2根绳子。继续在下面编3排菱形，每一排都和上面一排交错排列。

步骤15

将所有绳子修剪成相同的长度，并将绳子末端的35cm进行磨损处理。壁挂完成。

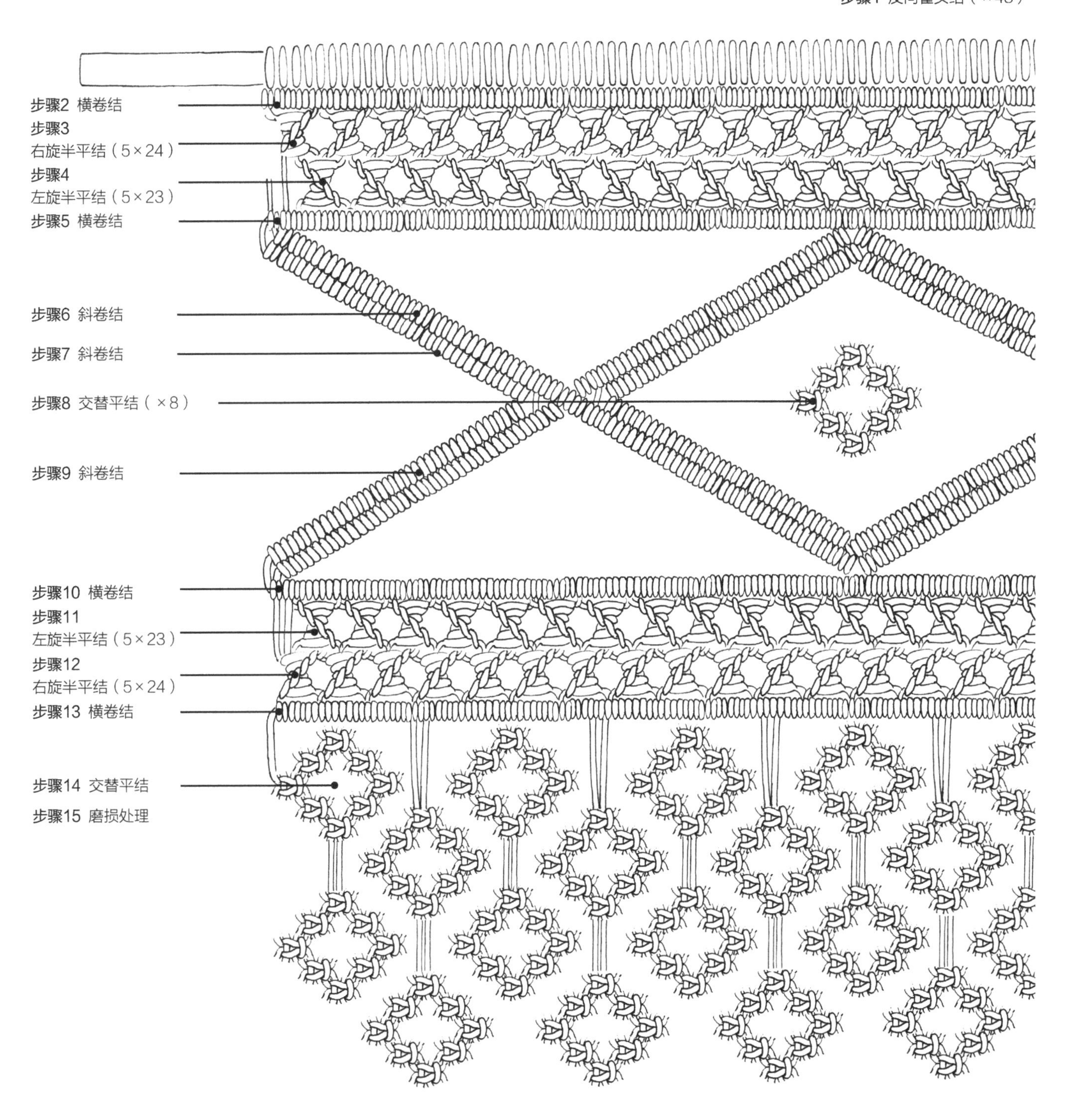

该图案是对称的，图中只展示了其中一部分设计。

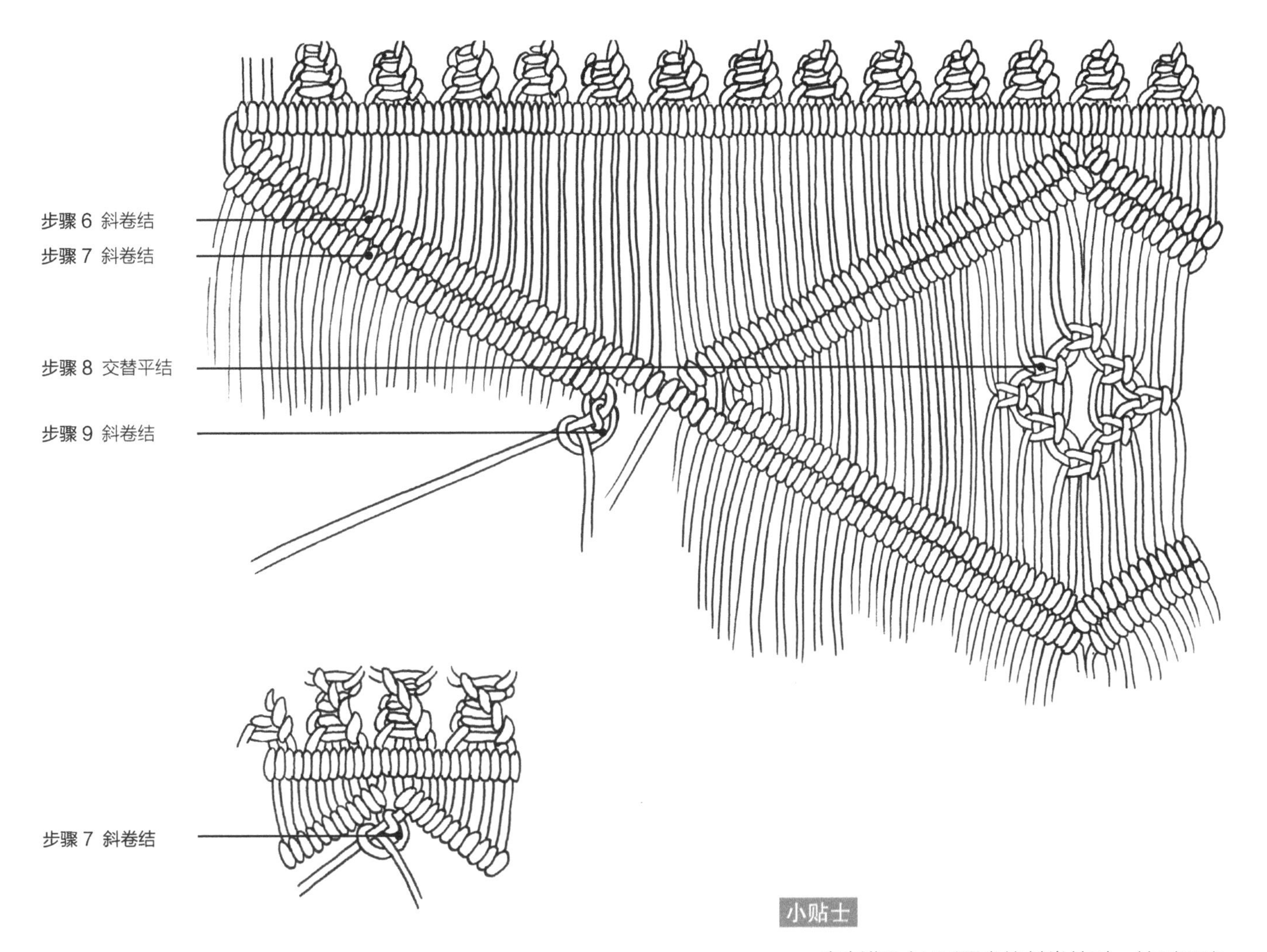

小贴士

在制作2个X形图案的斜卷结时，特别要注意卷结的倾斜度。如果倾斜角度太大，X形就无法在应该交叉的点上交叉了。可以尝试减少倾斜角度以降低制作难度，也可以使用填充绳先摆出X形，测量出合适的角度。已经打好的结如果需要调整位置，可以将结沿着填充绳移动，放到合适的位置即可。

美杜莎壁挂

这款壁挂长120cm、宽105cm，包含一千多个绳结，因此需要较长的时间才能完成。但只要掌握了平结和卷结的打法，完成起来并不复杂。

所用绳结

反向雀头结 → 15页
右向平结 → 12页
交替平结 → 13页
斜卷结 → 16页

材料

棉绳（长290m，直径5mm）
树枝或木棍（长130cm）

准备工作

事先将棉绳剪成以下数量和尺寸：
12根，每根长6m；
24根，每根长5.8m；
14根，每根长5.6m。

绳子的编号始终为最左边是1号，最右边是100号。

制作步骤

步骤1

将12根6m长的绳子对折，用反向雀头结系在树枝或木棍的中间位置。将24根5.8m长的绳子对折，用反向雀头结将12根系在6m长绳子的左侧，12根系在右侧。最后将剩下的14根5.6m长的绳子对折，用反向雀头结将7根系在所有绳子的最左侧，7根系在最右侧。

步骤2

第一排，跳过2根绳子，编24个右向平结，最后2根绳子也空出来。

第二排，编3个交替平结，跳过4根绳子，编5个交替平结，跳过4根绳子，再编5个交替平结。重复操作直到第二排编完，这一排是以3个交替平结收尾。

第三排，跳过2根绳子，编2个交替平结，跳过8根绳子，编4个交替平结，跳过8根绳子，再编4个交替平结。重复操作直到第三排编完，这一排是以2个交替平结和2根未编的绳子收尾。

第四排，编2个交替平结，跳过12根绳子，编3个交替平结，跳过12根绳子，再编3个交替平结。重复操作直到第四排编完，这一排是以2个交替平结收尾。

第五排，跳过2根绳子，编1个交替平结，跳过16根绳子，编2个交替平结，跳过16根绳子，再编2个交替平结。重复操作直到第五排编完，这一排是以1个交替平结和2根未编的绳子收尾。

第六排，编1个交替平结，跳过20根绳子，再编1个交替平结，跳过20根绳子。重复操作直到第六排编完，这一排是以1个交替平结收尾。

步骤3

制作4个大菱形。用15号绳作为填充绳，从右向左编14个斜卷结，与上方的平结之间留出一定距离。分别用39号、63号、87号绳作为填充绳，从右向左编12个斜卷结，完成另外3个菱形的一边。然后用编完的斜卷结中的第一根编织绳作为填充绳，从左向右编斜卷结，直到与另外一个方向上的斜边相遇为止，并将两条斜边连接起来。

编最右侧的斜边时，一直编到边缘，一共13个斜卷结。

步骤4

在每个菱形中编出上半部分的7个交替平结，使平结组成的斜边平行于斜卷结组成的斜边，并保持一定距离。

步骤5

将15号绳作为填充绳，从右向左编5个斜卷结，完成内部小菱形的上半部分。然后用刚才编完的第一个卷结的编织绳作为填充绳，从左向右编5个斜卷结。

步骤6

在每个菱形的中心编一个右向平结，每个平结需要使用4根填充绳。

步骤7

把最后一根编织绳作为填充绳，分别从左向右编4个斜卷结，从右向左编5个斜卷结，完成内部的小菱形。

步骤8

完成每个菱形下半部分的9个交替平结。

步骤9

在平结下继续编斜卷结，完成所有大菱形。注意最左侧和最右侧的2个菱形各剩余2根绳子。

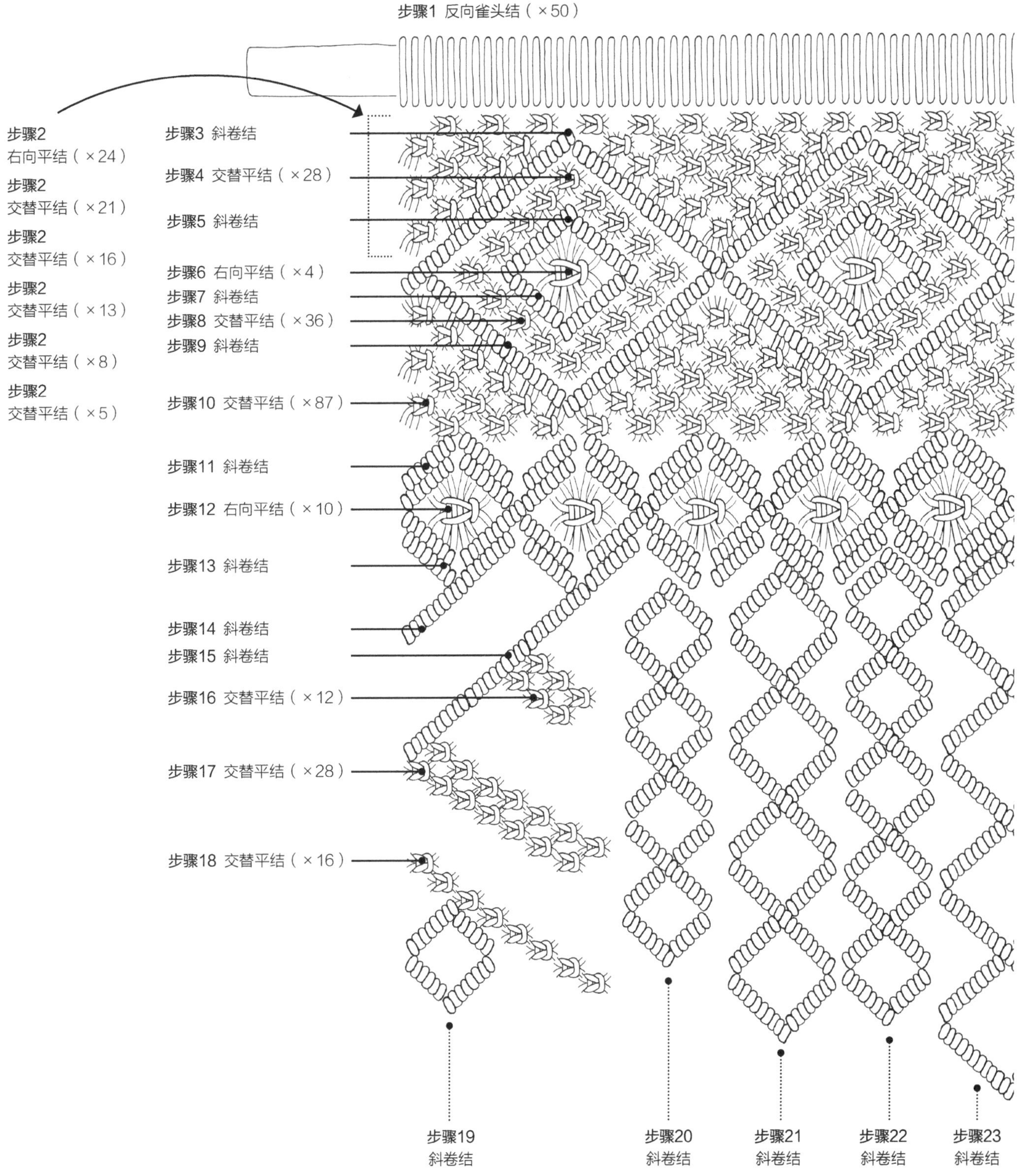

步骤1 反向雀头结（×50）

步骤2
右向平结（×24）

步骤2
交替平结（×21）

步骤2
交替平结（×16）

步骤2
交替平结（×13）

步骤2
交替平结（×8）

步骤2
交替平结（×5）

步骤3 斜卷结

步骤4 交替平结（×28）

步骤5 斜卷结

步骤6 右向平结（×4）

步骤7 斜卷结

步骤8 交替平结（×36）

步骤9 斜卷结

步骤10 交替平结（×87）

步骤11 斜卷结

步骤12 右向平结（×10）

步骤13 斜卷结

步骤14 斜卷结

步骤15 斜卷结

步骤16 交替平结（×12）

步骤17 交替平结（×28）

步骤18 交替平结（×16）

步骤19
斜卷结

步骤20
斜卷结

步骤21
斜卷结

步骤22
斜卷结

步骤23
斜卷结

该图案是对称的，本图只展示了一半。

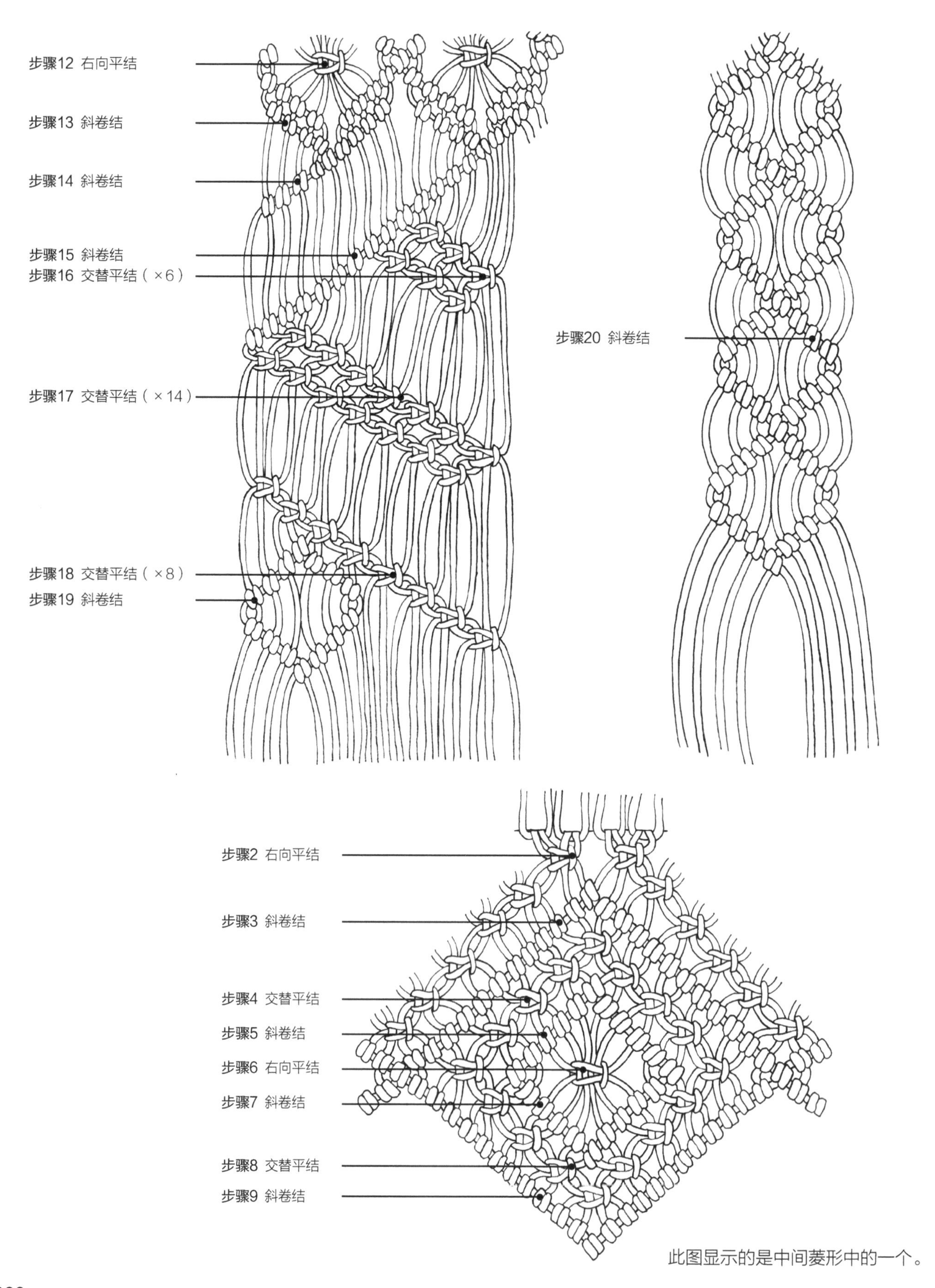

此图显示的是中间菱形中的一个。

步骤10

在菱形下编6排交替平结，完成整个壁挂的前半部分，具体操作方法将步骤2顺序颠倒即可。

步骤11

接下来制作10个横穿整个壁挂的菱形。编第一排斜卷结，用5号绳作为填充绳，由右向左编4个斜卷结，然后用6号绳作为填充绳，由左向右编4个斜卷结。以这种方式继续编其他9个菱形，分别用15号和16号、25号和26号、35号和36号、45号和46号、55号和56号、65号和66号、75号和76号、85号和86号、95号和96号绳作为填充绳。编第二排斜卷结时，先从左到右编4个斜卷结，再从右到左编4个斜卷结，然后通过打结把两条斜线连接起来。

步骤12

在每个菱形中心编一个右向平结，每个结使用4根填充绳。

步骤13

编出底部的2排斜边，完成菱形的制作，每条斜边都包含4个斜卷结。

步骤14

将左侧菱形底部从右向左的那条斜卷结一直延伸到边缘。右侧也镜像处理。

步骤15

第2个和第9个菱形重复步骤14，将斜卷结一直延伸到边缘。

步骤16

左侧用11~18号绳，右侧用90~83号绳，各编出3个交替平结。然后用9~16号绳、92~85号绳，在下方编出3个交替平结。

步骤17

两侧分别用1~18号绳、100~83号绳各编两排交替平结，每排7个平结。

步骤18

距上排交替平结5cm处，两侧分别再用1~18号绳、100~83号绳再编一排交替平结，每排8个平结。

步骤19

在最后一排平结下方，用8根绳子编一个菱形。左侧的菱形用5号绳作为填充绳，从右向左编4个斜卷结。用编完的斜卷结中的第一根编织绳作为填充绳，从左向右编3个斜卷结，菱形上半部分完成。继续编织菱形的下半部分，从左向右编3个斜卷结，从右向左编4个斜卷结，最后打结将斜线连接起来。右侧也如此镜像处理，用96号绳作为填充绳，从左向右编第一个斜卷结。

步骤20

左侧用19~26号绳，右侧用75~82号绳，参照步骤19制作4个竖向的菱形。

步骤21

左侧用27~36号绳，右侧用65~74号绳，参照步骤19制作4个稍大的竖向的菱形。

步骤22

左侧用37~44号绳子，右侧用57~64号绳，参照步骤19制作5个竖向的菱形。

步骤23

用中间剩下的12根绳子（45~56号绳）参照步骤19制作 4个更大的竖向的菱形。

步骤24

修剪整理绳子末端，完成壁挂。

伊甸园捕梦网

在捕梦网中做出一个树形图案比你想象的还要简单，但成品却很令人惊艳！下面将会指导你完成一个长90cm、宽30cm的捕梦网。

所用绳结

右向垂直雀头结 → 15页
反向雀头结 → 15页
平结 → 12页
右旋半平结 → 14页
交替平结 → 13页
横卷结 → 16页
筒结 → 19页

材料

棉绳（长43.7m，直径2.5mm）
金属圆环或木质圆环（直径30cm）

准备工作

事先将棉绳剪成以下数量和尺寸：
1根，长7.7m（约是圆环周长的8倍）；
10根，每根长3.6m。

制作步骤

步骤1

将7.7m长的绳子沿着圆环编一圈右向垂直雀头结，在编第一个结之前预先留出约25cm的长度。所有雀头结尽量紧凑地排列在一起，将圆环完全遮盖住。用剩余的绳子和预留的绳子做一个绳环，用于悬挂捕梦网。

步骤2

将剩下的10根绳子从中间对折，用反向雀头结系在圆环的上半部分。如图所示，每根绳子之间留出3~4cm的间距。

步骤3

编5个相邻的平结，平结距圆环约2cm。平结下方再编4个交替平结，之后再编一排交替平结。

步骤4

取最两侧的2根绳子，用反向雀头结分别系在圆环的两侧。

步骤5

将步骤4的绳子和相邻的2根绳子配成一组，分别编一个交替平结。之后用两侧的2根绳子作编织绳，其他绳子作填充绳，以右旋半平结编一条长10~12cm的螺旋结构。

步骤6

从中间的绳子开始，将所有绳子用横卷结系在圆环底部。注意确保所有绳子拉紧，所有卷结系紧。

步骤7

在圆环下方用右旋半平结编织5组螺旋结构。首先用中间的4根绳子编一组旋转5圈的螺旋结构，然后用中间两侧的各3根绳子编2组旋转6圈的螺旋结构，最后用最两侧的各3根绳子编2组旋转4圈的螺旋结构。这5组螺旋结构都只用一根填充绳。最后最外面的两侧应该各留出2根绳子。

步骤8

将绳子末端修剪成想要的长度，然后用每根绳子编一个简结，简结至绳端约10cm。

小贴士

为了让绳子末端边缘呈现出完美的圆弧形，可以将圆环上下倒置，让所有的绳子自由下垂，然后把绳子末端剪成一条直线。当把捕梦网正回来时，绳子末端就会呈现出曲线形了！

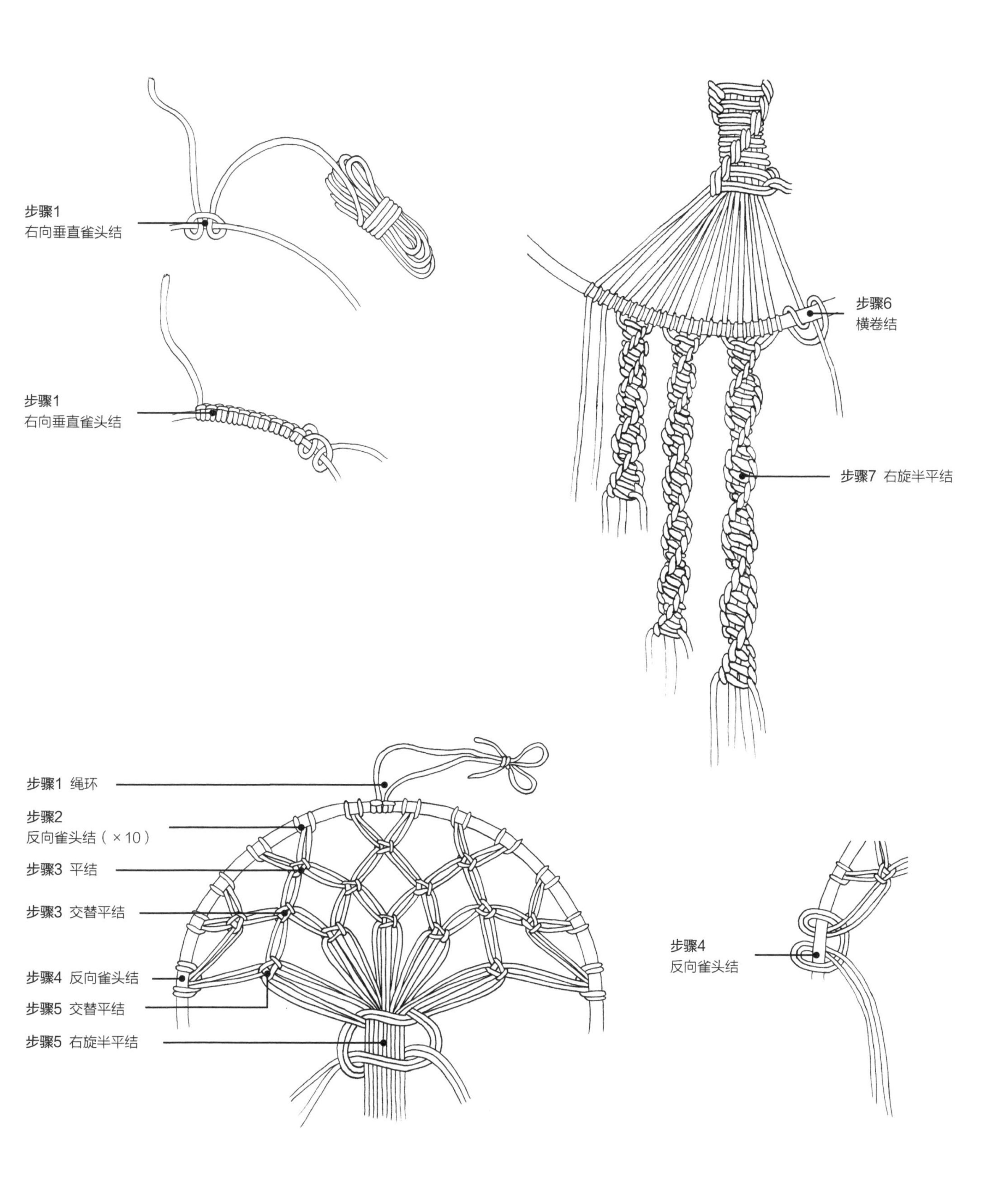

步骤1
右向垂直雀头结
步骤1
右向垂直雀头结
步骤6
横卷结
步骤7 右旋半平结
步骤1 绳环
步骤2
反向雀头结（×10）
步骤3 平结
步骤3 交替平结
步骤4 反向雀头结
步骤5 交替平结
步骤5 右旋半平结
步骤4
反向雀头结

极光捕梦网

这款捕梦网长85cm、宽22cm，属于小型的捕梦网，制作起来不用花费太多时间，但完成后非常漂亮。

所用绳结

右向垂直雀头结 → 15页
反向雀头结 → 15页
横卷结 → 16页
斜卷结 → 16页
交替平结 → 13页
平结 → 12页

材料

棉绳（长70m，直径2.5mm）
金属圆环或木质圆环（直径20cm）

准备工作

事先将棉绳剪成以下数量和尺寸：
1根，长5.4m（约是圆环周长的8倍）；
20根，每根长3.2m。

制作步骤

步骤1

将5.4m长的绳子绕着圆环编一圈右向垂直雀头结，在编第一个结之前预先留出约25cm的长度。所有雀头结尽量紧凑地排列在一起，将圆环完全遮盖住。用剩余的绳子和预留的绳子做一个绳环，悬挂捕梦网。参考91页步骤1的图示。

步骤2

将剩下的20根绳子从中间对折，用反向雀头结系在圆环的上半部分。

步骤3

用中间的2根绳子分别作为填充绳，从中间向两侧编横卷结，每侧编19个卷结。

步骤4

用从中间向两侧数的第3根绳子分别作为填充绳，紧贴上一排再编一排横卷结，每侧编16个卷结。

步骤5

每侧再编2排横卷结，每排都要用上一排起始处向两侧数的第3根绳子作为填充绳。

步骤6

制作大菱形的上半部分。将中间靠右侧的绳子作为填充绳，从中间向左侧编20个斜卷结，并使卷结位于一条斜线上。这一排卷结要紧贴在4排卷结下方。将中间靠左侧的绳子（这条绳子是刚刚完成的斜卷结中编第一个卷结的编织绳）作为填充绳，从中间向右侧编19个斜卷结。

步骤7

在两条斜卷结下方分别编一排交替平结，最上方1个平结，每条边各8个平结，一共17个平结。

步骤8

制作内部小菱形的上半部分。在中间编7个交替平结，要和上一排平结保持2~3cm的距离。

步骤9

将中间2根绳子分别作为填充绳，在7个平结下方用斜卷结编出一个倒V形。

步骤10

用中间的4根绳子编1个平结。

步骤11

制作内部小菱形的下半部分。首先在中间的平结下方编2条斜卷结，然后在卷结下方再编5个交替平结。

步骤12

继续完成大菱形的下半部分。距小菱形2~3cm的距离编交替平结，每边各7个，最中间1个，一共15个交替平结。用最右端的绳子作为填充绳，从右向左编一条共19个斜卷结的斜线。用最左端的绳子作为填充绳，从左向右编一条共20个斜卷结的斜线。

步骤13

将圆环作为“填充绳”，把所有的绳子用横卷结系在圆环底部。确保所有绳子拉紧，所有卷结系紧。

步骤14

用中间的4根绳子在圆环下方编一个平结。然后用最两侧的绳子分别作为填充绳，从边缘向中心编一排斜卷结。最后用中间的4根绳子编一个平结。

步骤15

修剪绳子末端，做好穗子，捕梦网完成。如何让绳子末端边缘呈现出完美的圆弧形，请参考90页的小贴士。

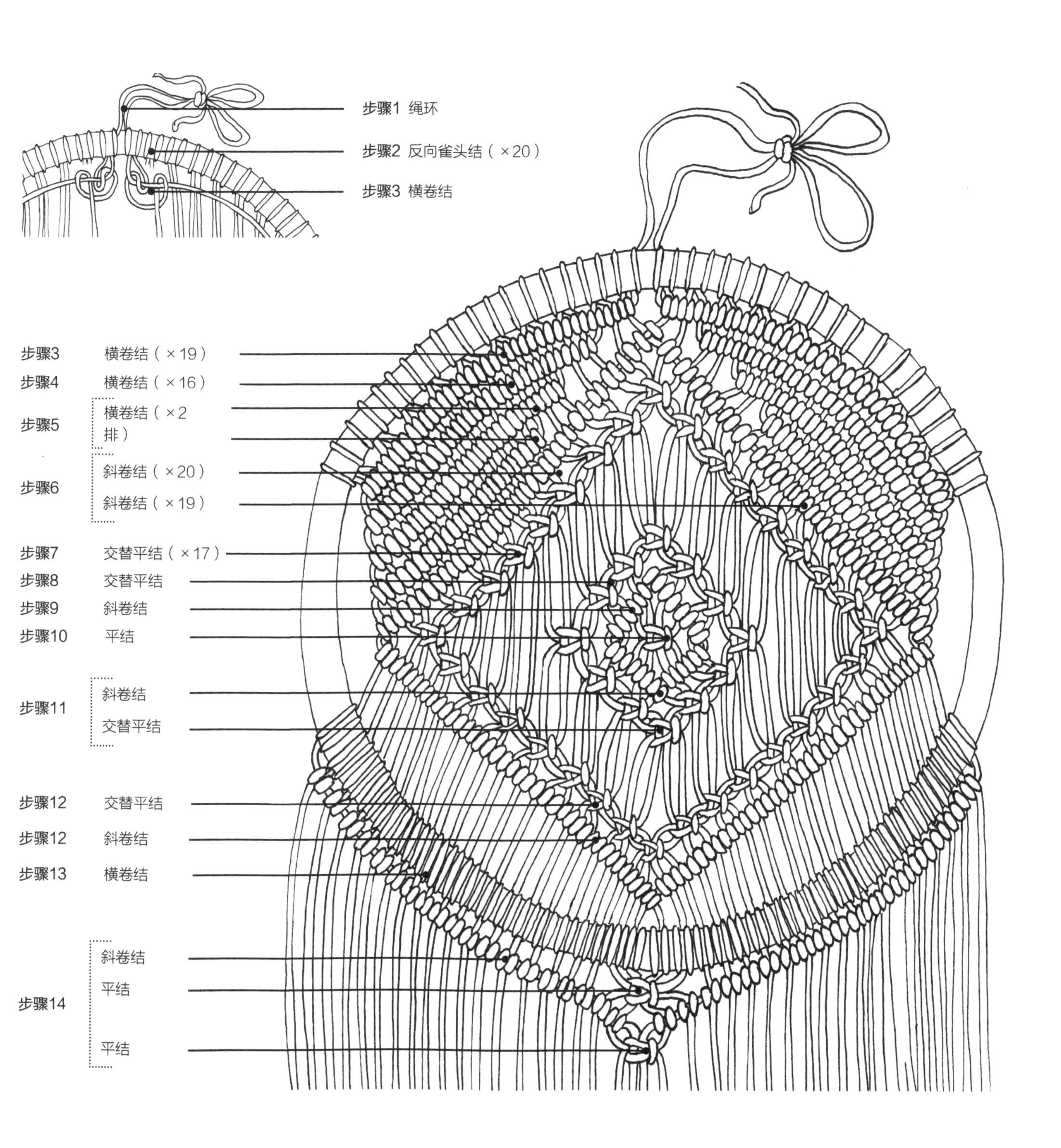
步骤1 绳环
步骤2 反向雀头结（×20）
步骤3 横卷结
步骤3 横卷结（×19）
步骤4 横卷结（×16）
步骤5 横卷结（×2排）
步骤6 斜卷结（×20）
斜卷结（×19）
步骤7 交替平结（×17）
步骤8 交替平结
步骤9 斜卷结
步骤10 平结
步骤11 斜卷结
交替平结
步骤12 交替平结
步骤12 斜卷结
步骤13 横卷结
步骤14 斜卷结
平结
平结

莱娅捕梦网

本案例是一个长90cm、宽30cm的，用三种颜色的布条绳制作的捕梦网。

所用绳结

平结 → 12页
平结绳 → 12~13页
雀头结 → 14页
交替平结 → 13页
4股皇冠结 → 19页

材料

金属圆环或木质圆环（直径40cm）
蓝色布条绳（25m）
黄色布条绳（20m）
粉色布条绳（36m）

准备工作

事先将布条绳剪成以下数量和尺寸：
1根蓝色绳子，长15m；
8根黄色绳子，每根长2.4m；
4根粉色绳子，每根长1.8m；
28根粉色绳子，每根长1m；
24根蓝色绳子，每根长40cm，用来制作流苏。

制作步骤

步骤1

将15m长的蓝色绳子从中间对折挂在圆环上，将圆环作为“填充绳”，绕着圆环编一圈平结。所有平结尽量紧凑地排列在一起，将圆环完全遮盖住。用剩余的绳子系一个蝴蝶结，做出悬挂捕梦网用的绳环。

步骤2

如右图将8根黄色绳子从中间对折，用雀头结系在圆环上部的平结上，每根绳子间距约4cm。如果圆环上的平结系得太紧，可用钩针辅助绳子穿过。

步骤3

将4根1.8m长的粉色绳子也用步骤2中的方法系在黄色绳子的两旁，与黄色绳子间距4cm。

步骤4

制作捕梦网的上半部分。首先距离圆环约3cm处，编6个平结，其中4个黄色的，2个粉色的。然后在下方编5个交替平结，其中3个黄色的，2个黄粉两色的。之后再用黄色的绳子编4排交替平结，第一排4个结，第二排3个结，第三排2个结，最后一排1个结。

步骤5

用第1排和第2排两侧的粉色绳子各编一个平结。用第3排和第4排两侧的黄色绳子各编一个平结，编结时将外侧的2根绳子作为编织绳。之后用钩针辅助将最左侧和最右侧的2根黄色绳子系在圆环上的蓝色绳子上。这部分之后会被蓝色的流苏覆盖，因此不需要系得非常美观，只需要确保绳子拉直即可。

步骤6

制作捕梦网的下半部分。用黄色绳子编3组交替平结，然后将编织绳放在圆环前方，填充绳放在圆环后方，依次在圆环上编1个平结，将绳子系紧。

步骤7

用粉色绳子在黄色绳子前方编4个交替平结，且这4个结要比圆环的中心稍稍靠下。将每侧的4股粉色绳子用平结系在黄色平结旁边，编织时用外侧的绳子作为编织绳。

步骤8

将28根1m长的粉色绳子对折，均匀挂在圆环底部3个黄色平结之间，即中间的黄色平结两侧各14根。每4股绳子编1个平结，每侧7个平结。编结时将圆环后方的绳子作为编织绳。

步骤9

制作两侧的蓝色流苏。每个流苏使用12根蓝色绳子，再将12根绳子分成2份，编2个4股皇冠结。用2根绳子将皇冠结系在圆环上，覆盖步骤5中的结。

步骤10

将所有绳子修剪成想要的长度，作品完成。

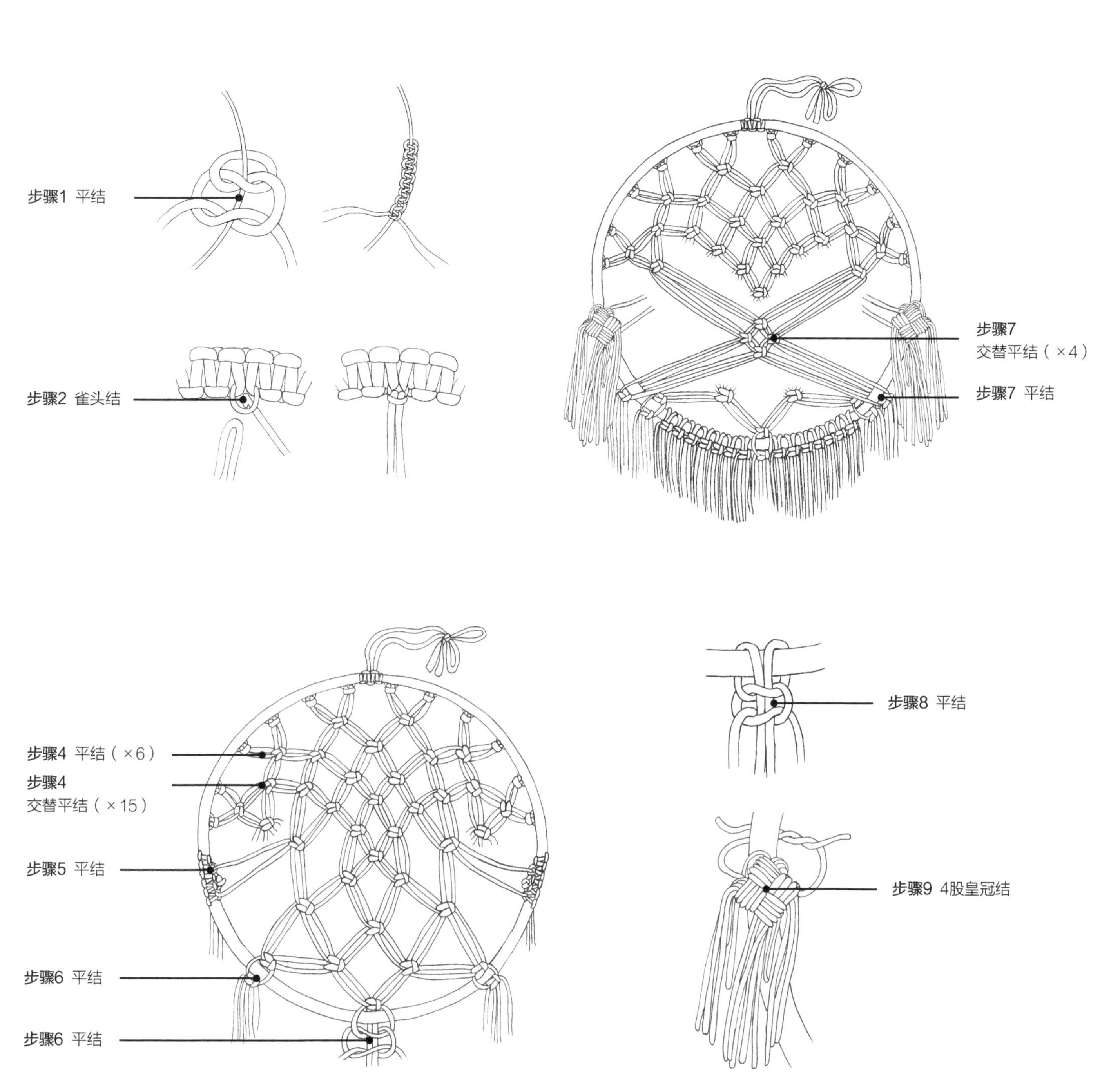

步骤1 平结
步骤2 雀头结
步骤7
交替平结（×4）
步骤7 平结
步骤4 平结（×6）
步骤4
交替平结（×15）
步骤5 平结
步骤6 平结
步骤6 平结
步骤8 平结
步骤9 4股皇冠结

餐垫

绳编餐垫可为餐桌增光添彩，可以单独使用，也可以与116页中的桌旗配套使用，都非常漂亮。按照以下制作步骤可以制作出一个45cmx33cm的餐垫。

所用绳结

横卷结 → 16页
左向平结 → 12页
交替平结 → 13页
反向雀头结 → 15页

材料

棉绳（长60m，宽2.5mm）
木棍（长55~60cm，直径≥2cm，只在编结过程中使用）

准备工作

事先将棉绳剪成以下数量和尺寸：
20根，每根长2m；
4根，每根长80cm；
52根，每根长30cm；
2根绳子，每根长50cm。

制作步骤

步骤1

将所有2m长的绳子从中间对折，用反向雀头结系在木棍上（木棍只在编结过程中使用，最后会被抽出）。取1根80cm长的绳子，将其紧贴着木棍放在所有2m长的绳子上方。把这根绳子作为填充绳，所有2m长的绳子作编织绳，编一排横卷结，共40个结。

步骤2

在卷结下方跳过2根绳子，编一个左向平结，再跳过4根绳子，编一个左向平结……直到编完一整排，共编5个平结。第二排编10个交替平结。第三排同第一排一样，先跳过2根绳子，然后编5个交替平结。

步骤3

拿1根80cm长的绳子，将其平行居中放在交替平结下方。把这根绳子作为填充绳，用所有垂直的绳子编一排横卷结，共40个结。

步骤4

用最中间的4根绳子编一个左向平结。然后在下方再编2个交替平结，之后再编一排交替平结（3个平结）。继续在两边编织一组交替平结，每组平结接在前一组平结的下方，制作如图所示的菱形。最后用最中间的4根绳子编一个单独的左向平结，完成餐垫中菱形的制作。一共编了64个平结。

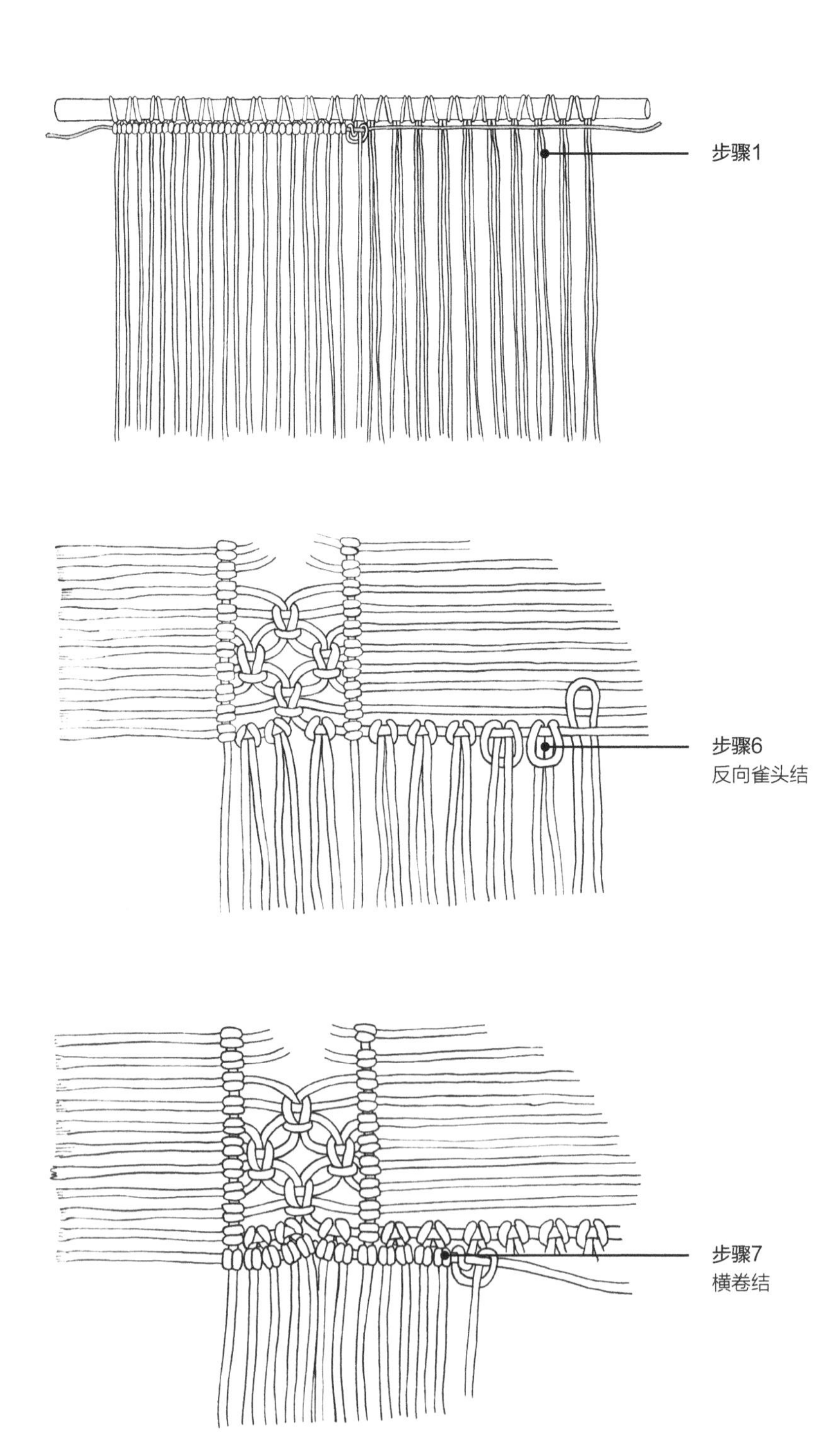

步骤5

重复步骤1到步骤3，完成餐垫底部边缘。把餐桌垫旋转90° 放置，顺时针、逆时针均可。

步骤6

将26根30cm长的绳子，用反向雀头结系在最底部的绳子上。前3个雀头结系在2根填充绳之间，然后在菱形中部的平结之前再编10个雀头结。餐垫另外半边镜像对称处理。

步骤7

取1根50cm长的绳子，将其居中平行放在刚刚编完的雀头结下面。把这根绳子作为填充绳，从左向右用编一排横卷结，一共编56个结。

步骤8

把餐垫旋转180° ，重复步骤6和步骤7，完成另外一边。

步骤9

取出木棍，剪断绳环做出流苏。将两个短边上的绳子末端修剪成相同的长度，再将两个长边上的绳子末端修剪成相同的长度。

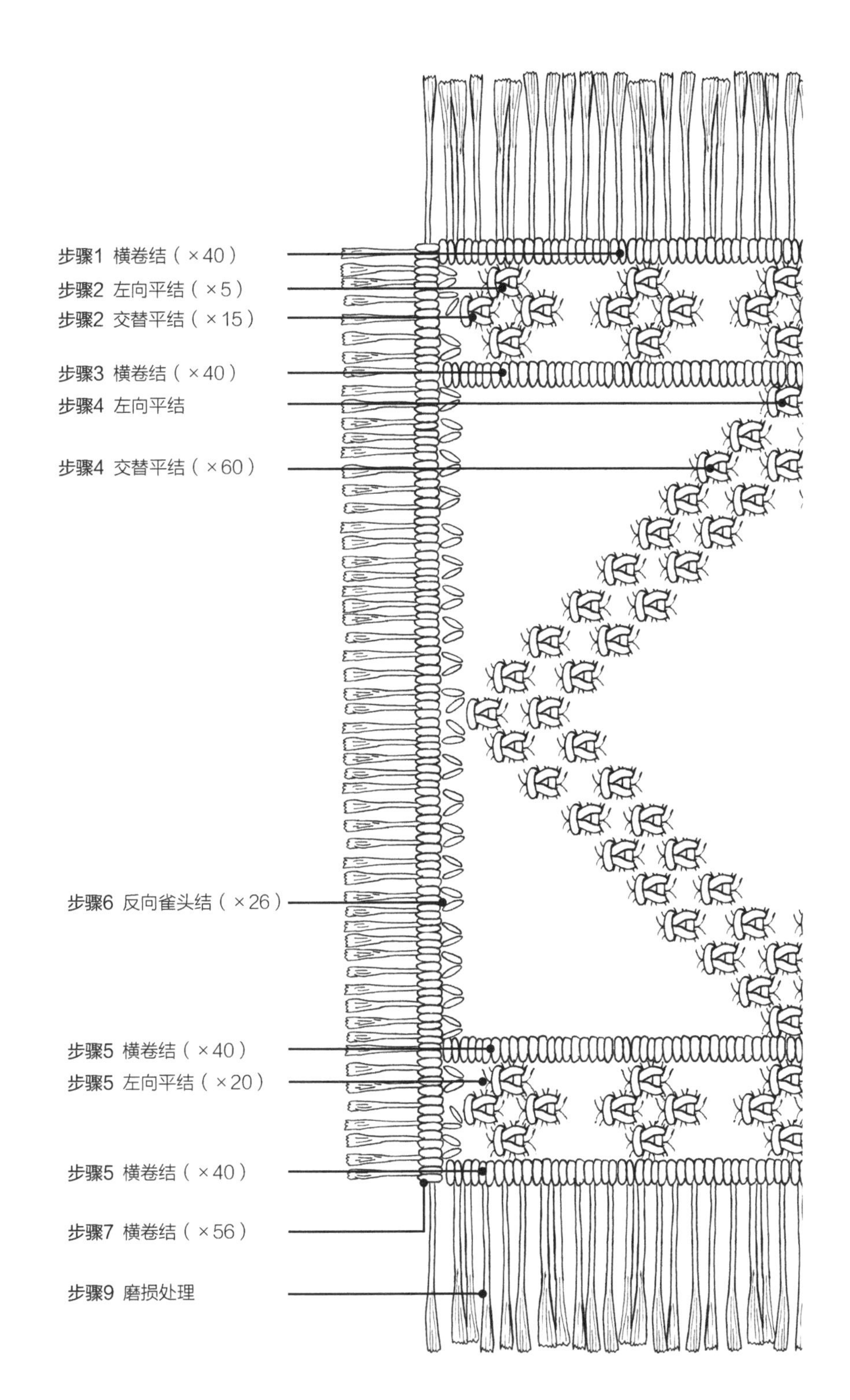

该图案是对称的，图中只展示了其中一半。

灯罩

用绳编工艺制作一个可悬挂在室内或室外的灯罩，将是一项极具创造性的工程。制作灯罩的方法很多，本案例是一个高100cm，直径30cm的灯罩，悬挂起来如同大风铃一般，非常漂亮，在其中加入光源效果会更加完美。为了避免着火的风险，建议使用电光源，安全最重要！

所用绳结

反向雀头结 → 15页

平结 → 12页

平结绳 → 12～13页

交替平结 → 13页

横卷结 → 16页

右旋半平结 → 14页

筒结 → 19页

材料

棉绳（长130m，直径2.5mm）

1个金属圆环（直径30cm）

1个金属圆环（直径12cm）

准备工作

事先将棉绳剪成以下数量和尺寸：

19根，每根长4m；

19根，每根长2.8m。

制作步骤

步骤1

1根4m长的绳子从中间对折，用反向雀头结系在小圆环上，再用同样的方法系1根2.8m长的绳子。继续绕着小圆环交替系上4m长的绳子和2.8m长的绳子。用2.8m长的绳子对折后的2股绳子作为填充绳，用其两侧的绳子作为编织绳，编一圈右向平结。

步骤2

在每个平结下方编一组平结绳，共编19条平结绳，每条绳上5个平结。

步骤3

编一圈交替平结，然后在每个绳结下方再编1个平结。

步骤4

再编一圈交替平结，然后在每个绳结下方再编4个平结，形成一条包含5个平结的平结绳。

步骤5

再编一圈交替平结，这一圈和上一圈的间距要加大一些。在每个平结下方再编1个平结。

步骤6

再编一圈交替平结，和步骤5一样，要和上一圈的间距相同。然后在每个平结下方再编4个平结，形成平结绳。

步骤7

再编一圈交替平结，这一圈和上一圈的间距留得更大一些。在每个平结下方再编1个平结。

步骤8

将大圆环作为“填充绳”，用横卷结将所有绳子系在大圆环上。每4根绳子一组，共有19组绳子，并使19组均匀分布在圆环上。

步骤9

在卷结下方编1个平结，注意拉紧绳子，系牢绳结。

步骤10

顺着圆环编3圈交替平结。

步骤11

在平结下方编5个右旋半平结，绕着圆环形成一圈。

步骤12

余下的绳子根据长度可分为2种，一种是长绳，另一种是短绳。在每条短绳子上距离绳尾约15cm处编一个筒结，然后将所有短绳都剪成同样的长度。在每条长绳上也编一个筒结，让长绳子上的筒结和短绳子的末端处在同一水平线上。然后将所有长绳也剪成同样的长度——筒结下方约15cm处。对筒结下方的绳尾进行磨损处理，灯罩完成！

小贴士

如果想在灯罩里面加光源，最简单的方法是在灯罩内部挂一个灯泡。如果要加蜡烛光源，可用金属丝将蜡烛底托绑在上方小圆环上，使用蜡烛的时候一定要非常小心，并且蜡烛点燃时要有人看管。

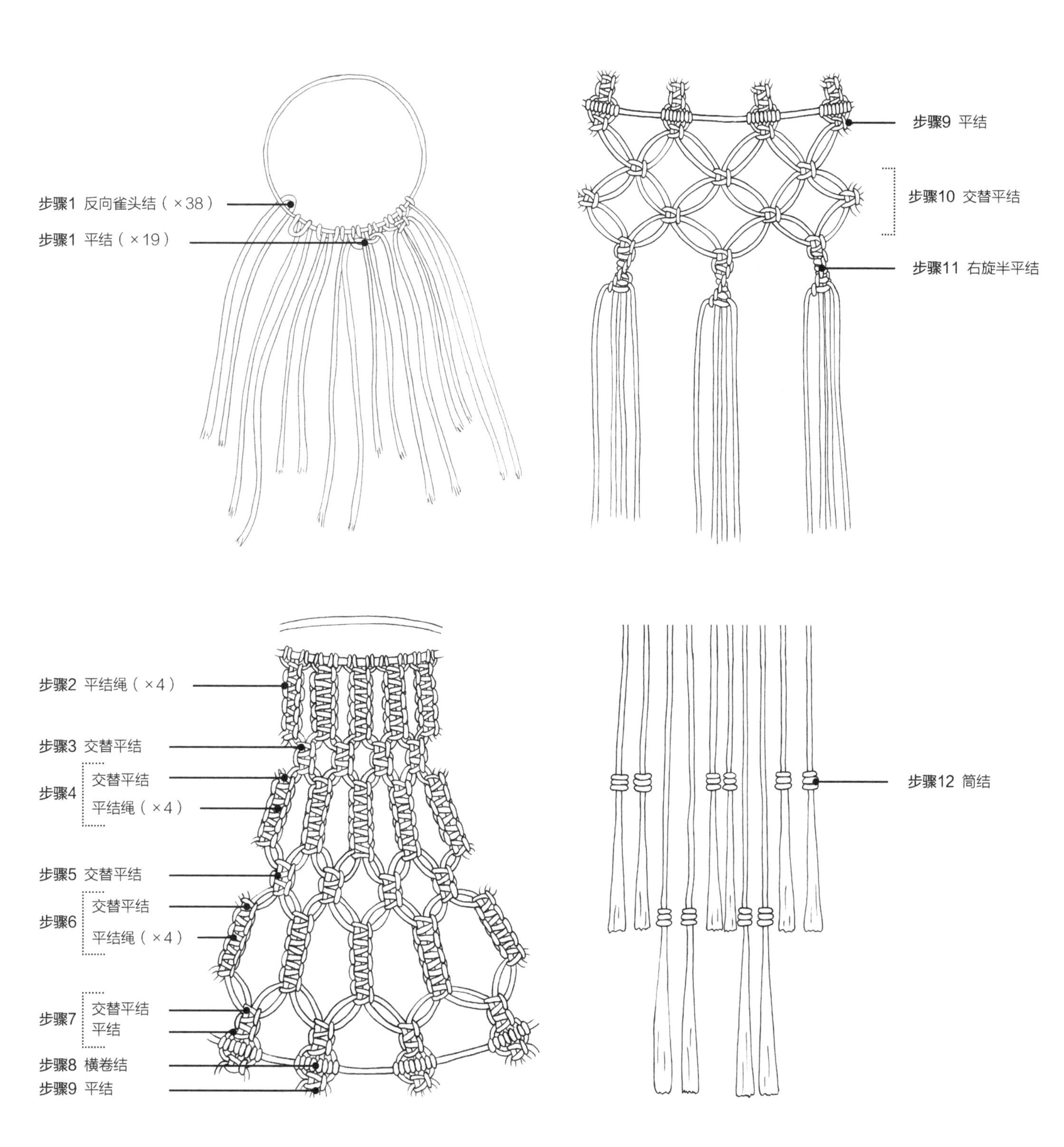

步骤1 反向雀头结（×38）
步骤1 平结（×19）
步骤9 平结
步骤10 交替平结
步骤11 右旋半平结
步骤2 平结绳（×4）
步骤3 交替平结
步骤4
交替平结
平结绳（×4）
步骤5 交替平结
步骤6
交替平结
平结绳（×4）
步骤7
交替平结
平结
步骤8 横卷结
步骤9 平结
步骤12 筒结

花边壁挂

本案例是一个花边形的壁挂，宽115cm，高65cm。花边的图案是可以调整的，既可以重复编织使花环更长，也可以减少重复的次数使花环较短。以下的说明中包含了5次图案重复。

所用绳结

反手结 → 12页

反向雀头结 → 15页

右向平结 → 12页

交替平结 → 13页

斜卷结 → 16页

缠绕结 → 17页

材料

棉绳（长160m，直径4mm）

准备工作

事先将棉绳剪成以下数量和尺寸：

1根，长5m（水平支撑绳，并用于后续的悬挂固定）；

6根，每根长3.6m（用来制作缠绕结）；

74根，每根长1.8m。

制作步骤

步骤1

将5m长的绳子做出1.5m长的绳环，绳子两端用反手结固定。将绳环挂在2个钩子上作为水平支撑绳，绳环要充分拉直，并使绳结位于中间位置。

步骤2

将6根3.6m长的绳子从中间对折，用反向雀头结系在2股支撑绳上。每两根绳子间距离20~22cm。支撑绳的反手结要位于第3根和第4根绳子之间。

步骤3

将60根1.8m长的绳子从中间对折，用反向雀头结系在2股支撑绳上，每两根3.6m长的绳子中间系15根，最中间的第3根和第4根3.6m长的绳子之间不要系。

步骤4

将12根1.8m长的绳子从中间对折，用反向雀头结系在2股支撑绳上，6根在反手结的左侧，6根在反手结的右侧。然后将支撑绳上的反手结解开。

步骤5

将松开的支撑绳水平拉直，会产生部分重叠，用反向雀头结把剩下的2根1.8m长的绳子系在重叠部分，也就是要系在3股绳上。支撑绳的2根绳尾将会被用于编织。

步骤6

跳过最初的1根绳子，编一排右向平结，最后剩余1根绳子。当编到中间位置时，支撑绳剩余下垂的部分当作正常的填充绳使用。

步骤7

编第二排时，跳过最初的3根绳子，编3个交替平结，然后跳过4根绳子，再编3个交替平结，再跳过4根绳子……按此制作顺序完成整排，最后剩余3根绳子。在这一排中，支撑绳剩余下垂的部分会被用作编织绳。

步骤8

编第三排时，跳过最初的5根绳子，编2个交替平结，然后跳过8根绳子，再编2个交替平结，再跳过8根绳子……按此制作顺序完成整排，最后剩余5根绳子。

步骤9

编第四排时，在第三排的每组平结下方编1个交替平结。

步骤10

在编好的三角形之间用4根编织绳和4根填充绳编1个右向平结。这个平结要和第四排交替平结保持在同一水平线上。

步骤11

在大平结下方编7个交替平结，完成三角形的各个点，如图中所示。

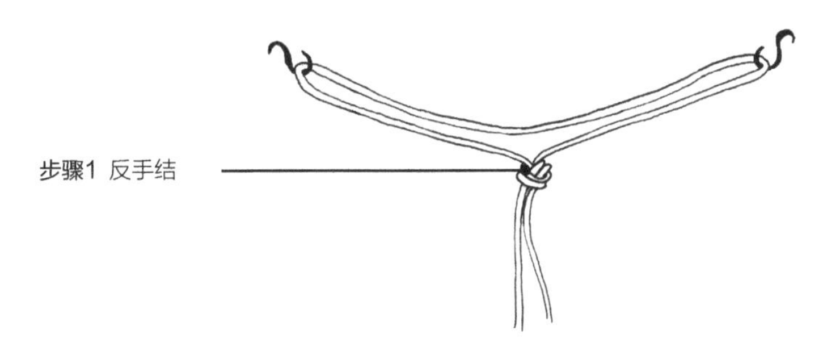

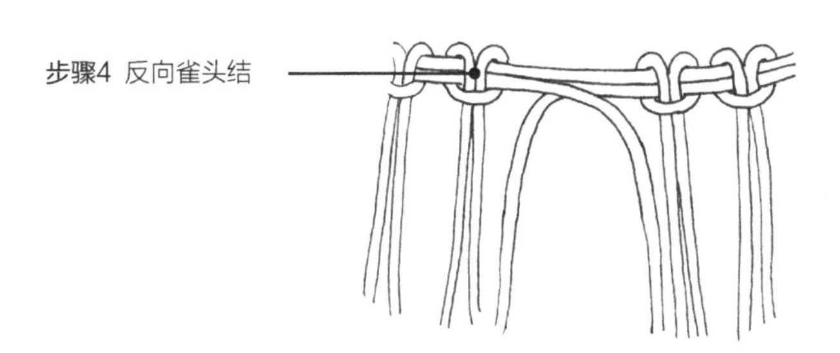

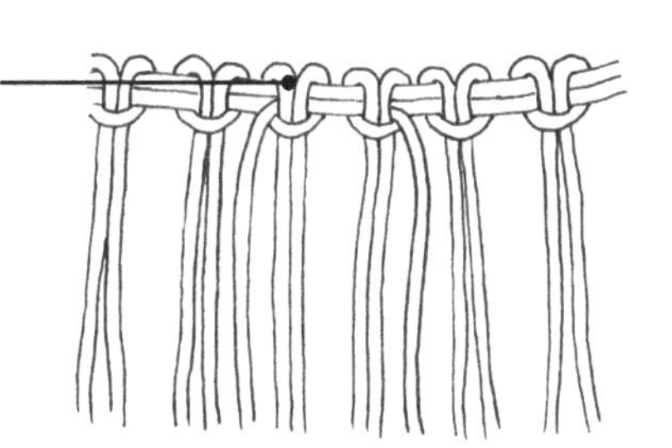

步骤6 右向平结
步骤7 交替平结
步骤8 交替平结
步骤9 交替平结

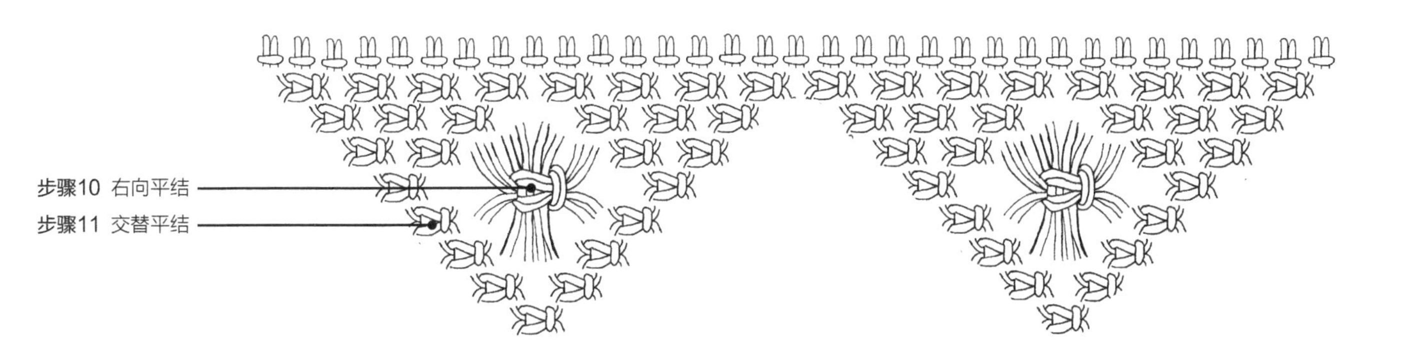

步骤12

在每个三角形下方分别编一条斜卷结。编第一条和最后一条斜卷结时，用两侧最边缘绳子作为填充绳；编其他斜卷结时，用三角形最边缘的平结中的编织绳作为填充绳。

步骤13

在每个三角形的两侧再编一排斜卷结，一侧7个，另一侧6个。这排斜卷结要紧贴在上排斜卷结的下方。

步骤14

在斜卷结下方编8个交替平结形成一个菱形。

步骤15

在交替平结下方再编一排斜卷结，完成菱形。每条从左向右的斜线包含5个卷结，每条从右向左的斜线包含6个卷结，第6个结将斜线连接起来。

步骤16

继续将第二排斜卷结向下编到三角形的顶点，但是每编完一个结，就将这个结的编织绳归到填充绳里，即编完每一个结就增加一根填充绳。这样会使编出的斜卷结越来越粗。注意确保将每一个结都系紧。

步骤17

在每个三角形顶点处将所有绳子合在一起，用一根长绳编出一个缠绕结。

步骤18

将绳子修剪成想要的长度，完成。

步骤12 斜卷结

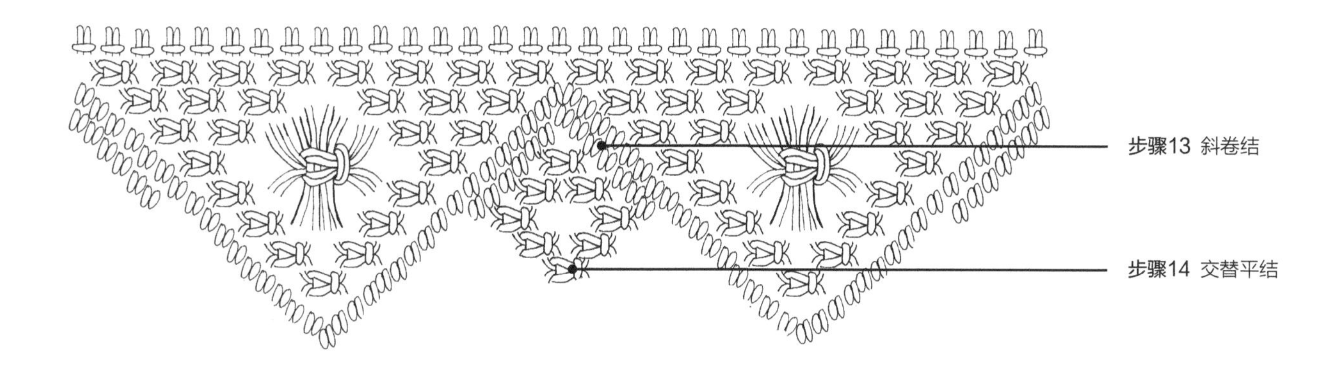
步骤13 斜卷结
步骤14 交替平结

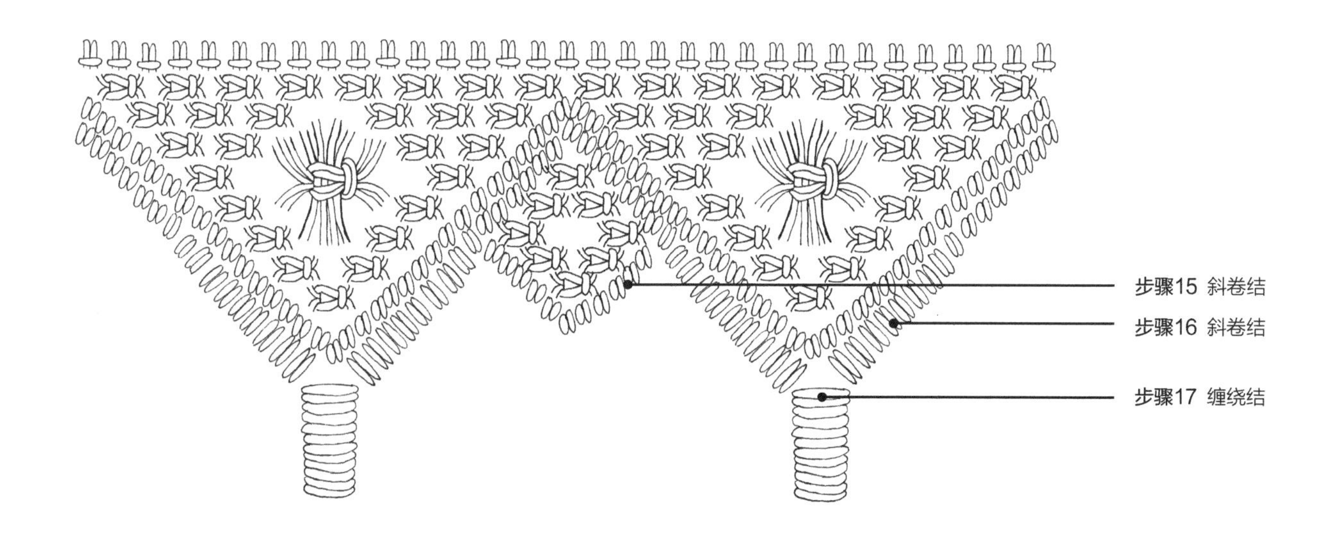
步骤15 斜卷结
步骤16 斜卷结
步骤17 缠绕结

流苏挂饰

制作流苏挂饰是一个将做完作品后剩余的绳子利用起来的最简单方式。可以在流苏的头部穿一条线，将几个流苏组合成起来装饰，也可以单独悬挂。

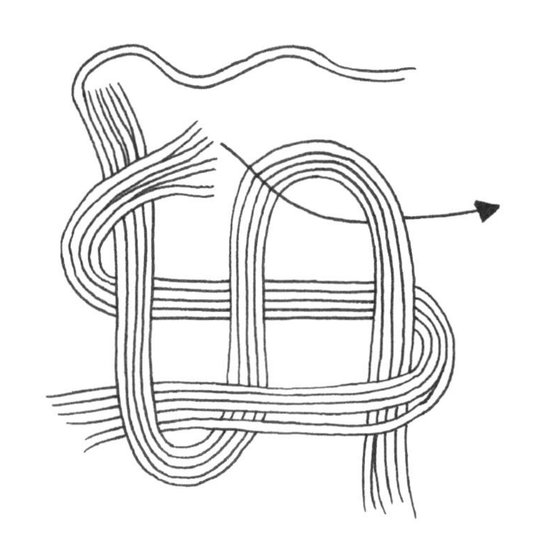

所用绳结

4股皇冠结 → 19页
缠绕结 → 17页

材料

剩余的绳子

工具

刷子

准备

事先将棉绳剪成以下数量和尺寸：
7根短绳，每根约为流苏长度的2倍；
1根长绳，长70cm（用来制作最后的缠绕结）。

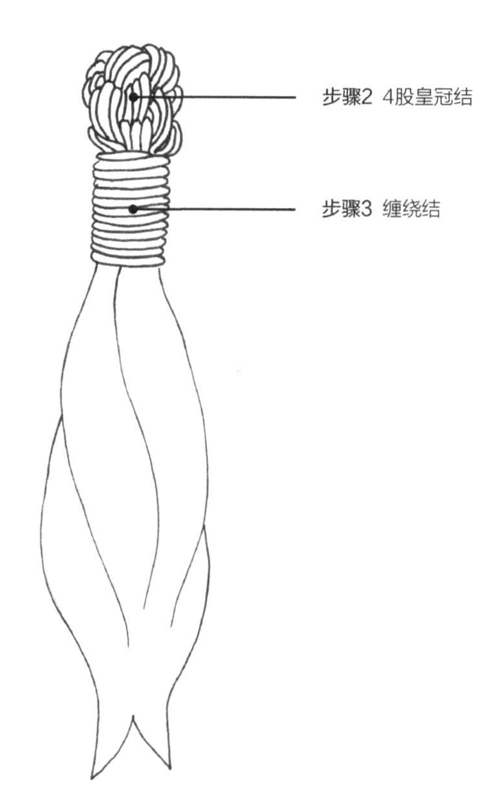

制作步骤

步骤1

将4根短绳对齐放好，将另外3根短绳和1根长绳一起垂直放在上面，形成一个十字形。

步骤2

用所有的绳子编3个4股皇冠结。

步骤3

在皇冠结下方用长绳编一个缠绕结。

步骤4

拉紧所有绳子，将皇冠结下方的缠绕结系紧。

步骤5

将缠绕结的绳尾归到流苏中，修剪成相同的长度。绳子末端做磨损处理，用刷子梳理成蓬松饱满的效果。

桌旗

用绳编工艺制作桌旗可以说是一项宏大的工程，但看到最后的成品就会让人觉得非常值得！本案例是一个长2.5m、宽25cm的桌旗。桌旗的图案设计重复使用了2种不同的图案：一个大菱形和几个小菱形。第一部分会重复5次，第二部分交错在其中，会重复4次。

所用绳结

反手结 → 12页

反向雀头结 → 15页

横卷结 → 16页

右向平结 → 12页

交替平结 → 13页

材料

棉绳（长204m，直径2.5mm）

木棍（长50～60cm，只在编结过程中使用）

准备工作

事先将棉绳剪成以下数量和尺寸：

20根，每根长10m；

10根，每根长35cm。

制作步骤

将20根10m长的绳子从中间对折，在对折点下方25cm处编一个反手结。将绳子用反向雀头结系在木棍上，绳环之后会被做成流苏。木棍只在编结过程中使用，最后会被抽出，参照119页图示。

步骤1

取1根35cm长的绳子，在一端编一个反手结。将其平行放在木棍下方，反手结位于最左侧。用这根绳子作为填充绳，已经系在木棍上的20根绳子作为编织绳，编一排横卷结，共40个。编完最后一个卷结之后再编一个反手结，反手结能够确保填充绳不会滑出来。

步骤2

开始制作第一个大菱形。用最中间的4根绳子紧贴卷结编一个右向平结。第二排编2个交替平结，第三排编3个交替平结。继续往下完成越来越向两侧的交替平结，每排两侧各一组交替平结，每组平结紧贴前一组平结。最后用最中间的4根绳子编一个单独的右向平结。完成第一个大菱形，一共编了64个平结。

步骤3

重复步骤1，用另外1根35cm长的绳子作为填充绳，在菱形下方编一排横卷结，共40个。

步骤4

开始制作小菱形。跳过2根绳子，在卷结下方编一个右向平结。重复跳过4根绳子，编一个右向平结，直到编完整排，这排一共编了5个平结。在第一排下方编10个交替平结作为第二排。第三排同第一排一样，跳过2根绳子，编5个交替平结。

步骤5

距上一排小菱形4cm处，跳过6根绳子，编一个右向平结。重复跳过4根绳子，编一个右向平结，直到编完整排，这排一共编了4个平结。第二排编10个交替平结，第三排同第一排一样，跳过前6根绳子，编4个交替平结。

步骤6

重复步骤4到步骤5，完成小菱形的部分。

步骤7

重复步骤1，用另外1根35cm长的绳子作为填充绳，在最后一排平结下方编一排横卷结，共40个。

步骤8

将步骤2至步骤7重复3次。最后重复1次步骤2和步骤3，完成最后一个大菱形。

步骤9

抽出木棍并解开反手结，剪断绳环做出流苏，然后将桌旗两端的绳尾都修剪成同样的长度。将所有用来编横卷结的填充绳，在反手结外侧1cm处剪断。

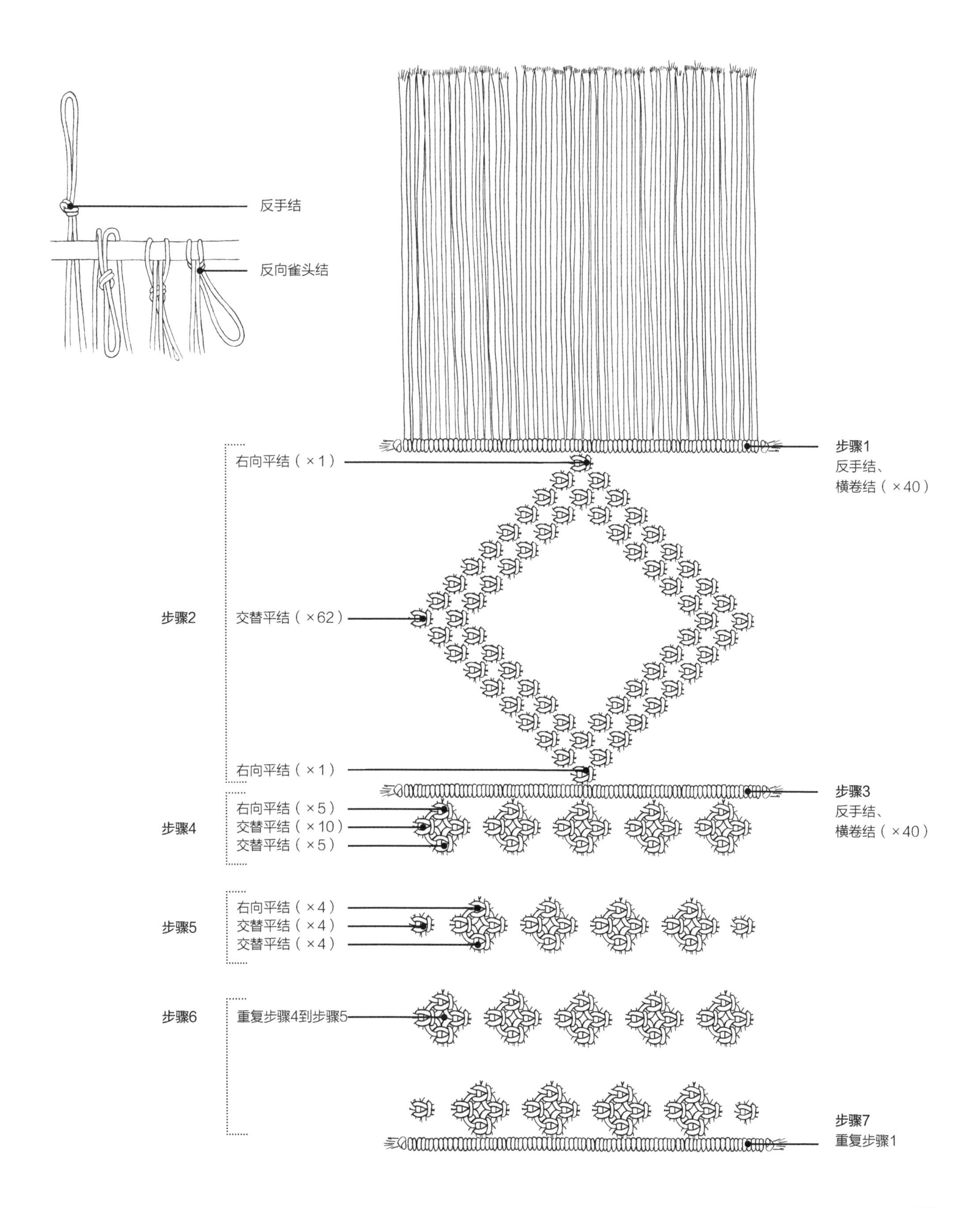
反手结
反向雀头结
步骤1
反手结、
横卷结（×40）
右向平结（×1）
步骤2
交替平结（×62）
右向平结（×1）
步骤3
反手结、
横卷结（×40）
右向平结（×5）
步骤4
交替平结（×10）
交替平结（×5）
右向平结（×4）
步骤5
交替平结（×4）
交替平结（×4）
步骤6
重复步骤4到步骤5
步骤7
重复步骤1

门帘

绳编工艺的门帘挂在任何门上都非常漂亮，用于遮挡开放式的厨房也很完美，可以将注意力从厨房内部吸引开。本案例是一个90cm宽的门帘，由于使用的是重复的图案，可通过增减绳子数量调整门帘的宽度，也可以增减筒结的数量调整门帘的长度。

所用绳结

反向雀头结 → 15页
横卷结 → 16页
右向平结 → 12页
平结绳 → 12～13页
交替平结 → 13页
斜卷结 → 16页
左右交替螺旋半结 → 17页
右旋半平结 → 14页
筒结 → 19页

材料

棉绳（长481m，直径4mm）
木条（长1.2m，粗度要足以承担门帘的重量）

准备工作

事先将棉绳剪成以下数量和尺寸：
59根，每根长8m；
1根，长9m。

制作步骤

步骤1

用反向雀头结将所有8m长的绳子系在木条上。

步骤2

将9m长的绳子折成一半4m长，一半5m长。用反向雀头结将绳子系在其他绳子的左侧，其中4m长的一段位于右侧，5m长的一段位于左侧。

步骤3

用5m长的绳子作为填充绳，从左到右编一排横卷结。

步骤4

在卷结的下方，第一排跳过1根绳子，编2个右向平结。然后跳过2根绳子，编2个右向平结，重复直到编完整排。第二排跳过3根绳子，编1个交替平结。然后跳过6根绳子，编1个交替平结，重复直到编完整排。

步骤5

用第一排中跳过的绳子作为填充绳，在平结下方编一排斜卷结。每条从右向左的斜线包含4个卷结，每条从左向右的斜线包含5个卷结，用第5个结将斜线连接起来。

步骤6

在每个斜线间的三角形区域里，编4个交替平结，形成一个小菱形。最左侧和最右侧则分别用两侧的4根绳子编1个右向平结即可。

步骤7

用步骤4最后一排编交替平结的4根绳子，编一条包含3个右向平结的平结绳。

步骤8

用步骤7中的填充绳制作斜卷结。每条从右向左的斜线包含4个卷结，每条从左向右的斜线包含5个卷结，用第5个结将斜线连接起来。现在整个平面一共有11个六边形。

步骤9

如124页图示，重复步骤6到步骤8，编织六边形图案。使用每一侧剩余的2根绳子编4个左右螺旋交替半结。这一排一共有12个六边形。

步骤10

第2次重复步骤6到步骤8，编织六边形图案。将步骤7最中间的4组绳子用右旋半平结编出一条旋转3圈的螺旋结构，代替原来的平结绳。继续用步骤8的方法完成两侧的各3个六边形。

步骤11

第3次重复步骤6到步骤8。两侧各使用2根绳子编4个交替半结，然后继续完成两侧的各3个六边形。两侧各跳过1根绳子，用接下来的4根绳子以右旋半平结编出一条旋转3圈的螺旋结构。

步骤12

第4次重复步骤6到步骤8，两侧都只做出1个完整的六边形，第2个六边形只做到步骤6，然后用右旋半平结编出一条旋转2圈的螺旋结构，代替原来的平结绳。第5次重复步骤6到步骤8，用两侧的2根绳子编4个左右螺旋交替半结。制作完1个六边形后，跳过1根绳子，用右旋半平结编出一条旋转2圈的螺旋结构。在最后1个六边形下方再编一条旋转2圈的螺旋结构，完成所有六边形图案。

步骤13

当完成门帘的上半部分之后，剩余的绳子依然很长。在每根绳子上随机地打几个筒结，缩短绳子的长度，同时也完成下半部分的图案。最后将绳子末端修剪成需要的长度。

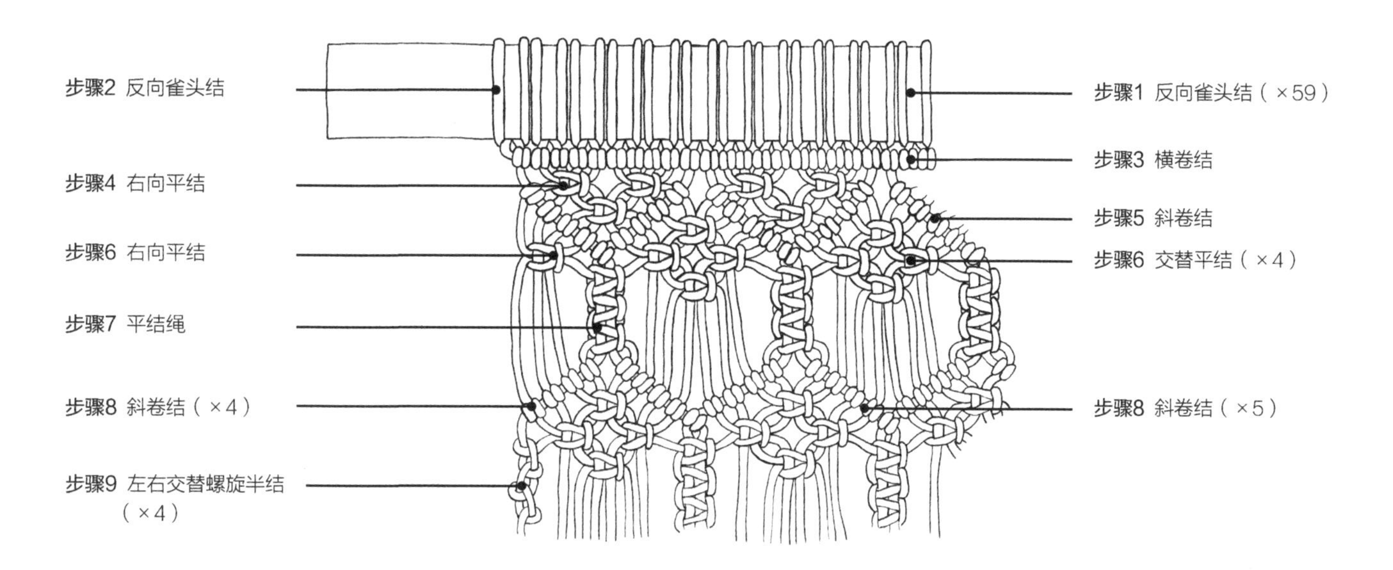
步骤2 反向雀头结
步骤1 反向雀头结（×59）
步骤3 横卷结
步骤4 右向平结
步骤5 斜卷结
步骤6 右向平结
步骤6 交替平结（×4）
步骤7 平结绳
步骤8 斜卷结（×4）
步骤8 斜卷结（×5）
步骤9 左右交替螺旋半结
（×4）

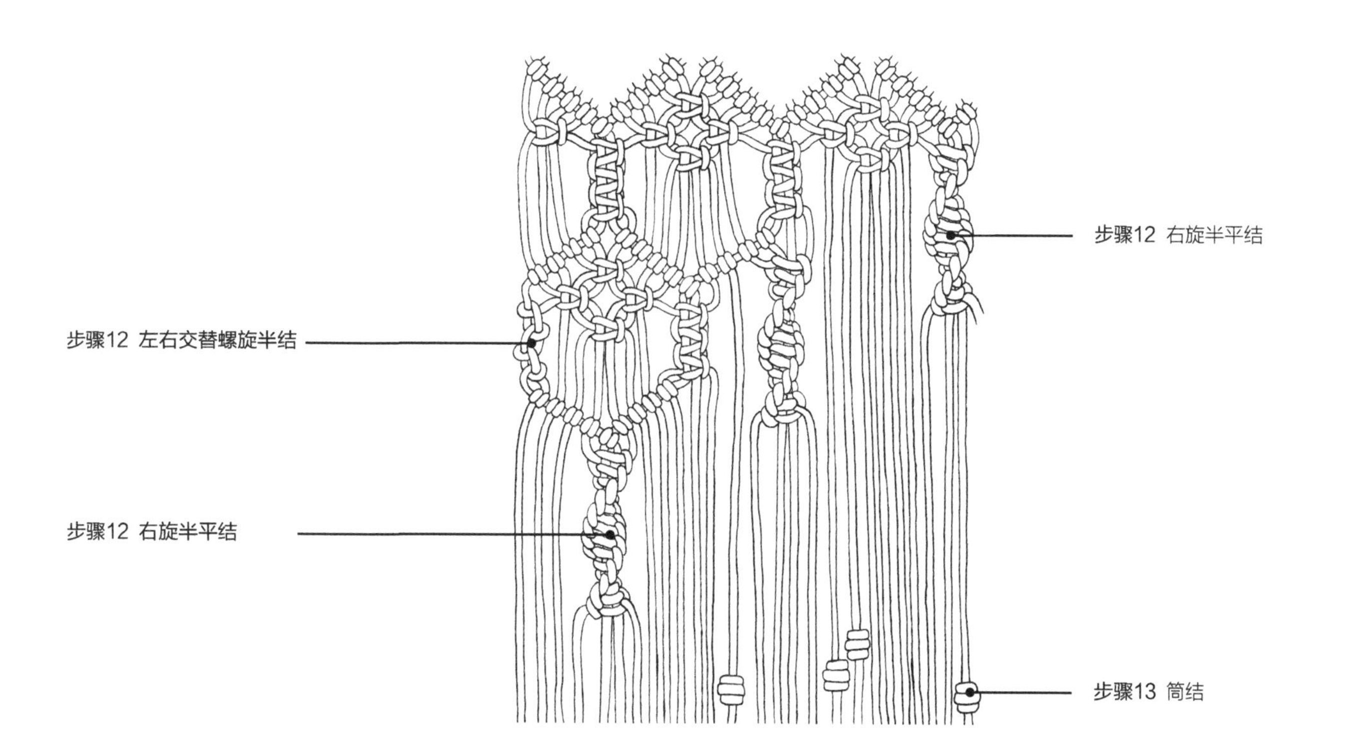
步骤12 右旋半平结
步骤12 左右交替螺旋半结
步骤12 右旋半平结
步骤13 筒结

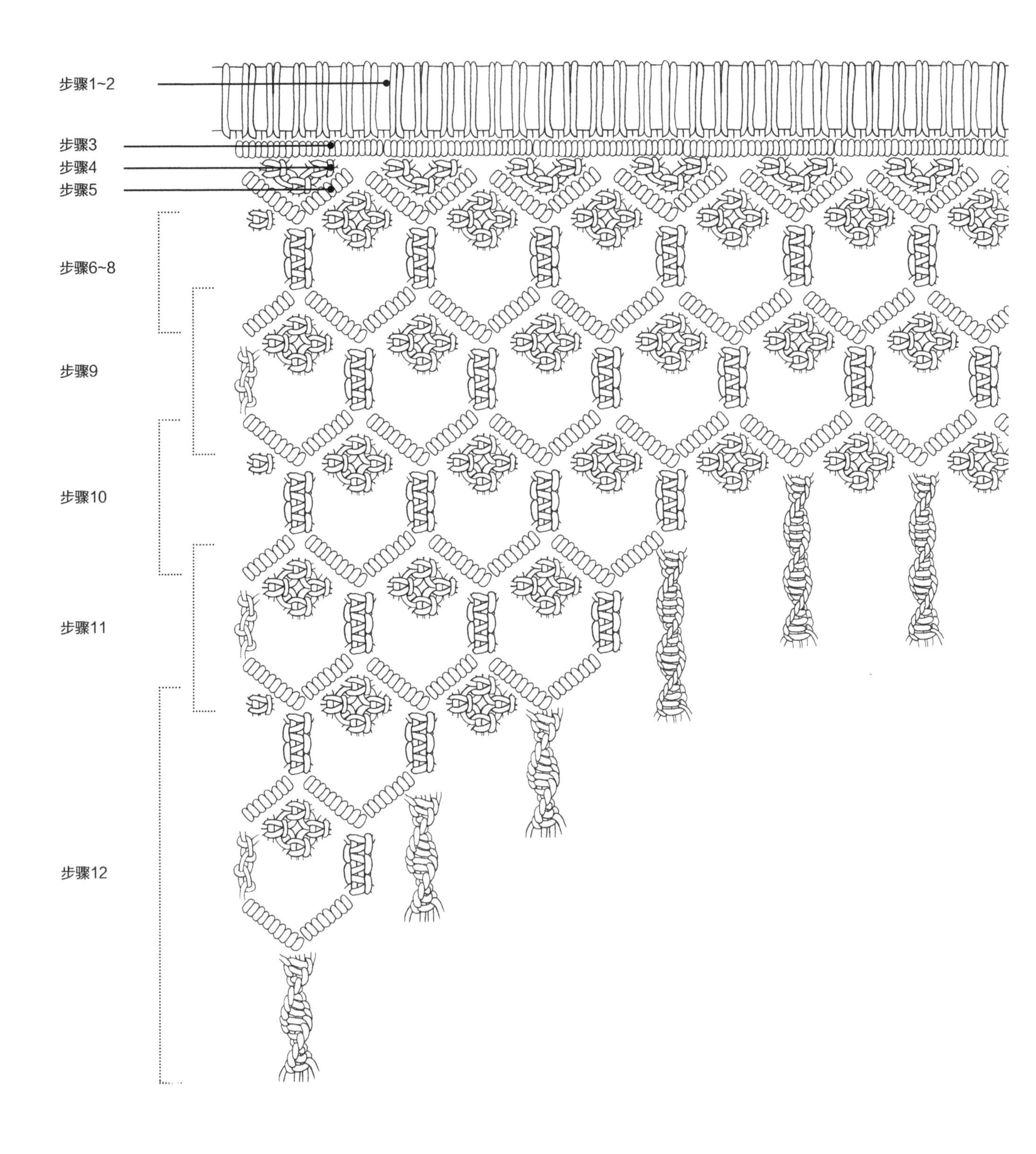

该图案是对称的，图中只展示了其中一半。

长凳

用绳编工艺制作一条长凳或小凳子，是编结工艺训练的最后一个测试。制作长凳会花费一些时间，但只要熟练掌握绳结的编法，就不会非常难。事实上，最大的难题是找到一个合适的凳子框架，这也是我为什么亲自动手制作的原因。如果不想自己做框架，可以找一个凳面部分是由织物做成的长凳或小凳子，把织物去掉即可。本案例是一个长80cm、宽40cm的绳编长凳。还可以通过重复蝴蝶图案或增加绳子数量做一个更长的长凳，也可以减少绳子数量做一个小凳子。记住，最重要的事情是要选用足够结实的绳子。

所用绳结

反向雀头结 → 15页
平结 → 12页
交替平结 → 13页
横卷结 → 16页
雀头结 → 14页

材料

结实的棉绳（长230m，直径4mm）
长凳框架（80cmx 40cm）

准备工作

事先将棉绳剪成以下数量和尺寸:
36根，每根长5.4m（用来制作凳面部分，及前后两面）；
16根，每根长2m（用来制作左右两面）。

以上是用来制作80cmx40cm的长凳所需的绳子数量和尺寸。

需要的绳子数量取决于凳架的大小，因此在制作前要用量好凳架的尺寸和估算好需要的绳子长度。先用长绳制作凳面部分，再用短绳制作侧面。

如果想要做出蝴蝶图案，所需绳子的长度并不会增加非常多。

准备好长凳或小凳子的框架，比如去掉上面的织物，以及其他不需要的东西。由于长凳的绳结需要编得非常结实，就需要用到钳子。

制作步骤

步骤1

制作长凳的凳面部分。将所有5.4m长的绳子从中间对折，用反向雀头结系在长凳的一条长边上。每4根绳子一组，每组绳子之间留出一些距离，如右图所示。

步骤2

编一排平结，使用钳子将所有绳结尽可能系紧。

步骤3

编第二排交替平结。跳过2根绳子编1个交替平结，然后重复跳过4根绳子，编1个交替平结，直到编完整排。参照129页最下面的图示继续完成凳面部分的图案。

步骤4

当编到框架的另一边时，将框架作为“填充绳”。用横卷结将第1根绳子系紧在框架上。剩余的绳子跳过2根绳子，编2个卷结，直到编完整排。整个过程中最重要的是让绳子尽可能地绷紧拉直。

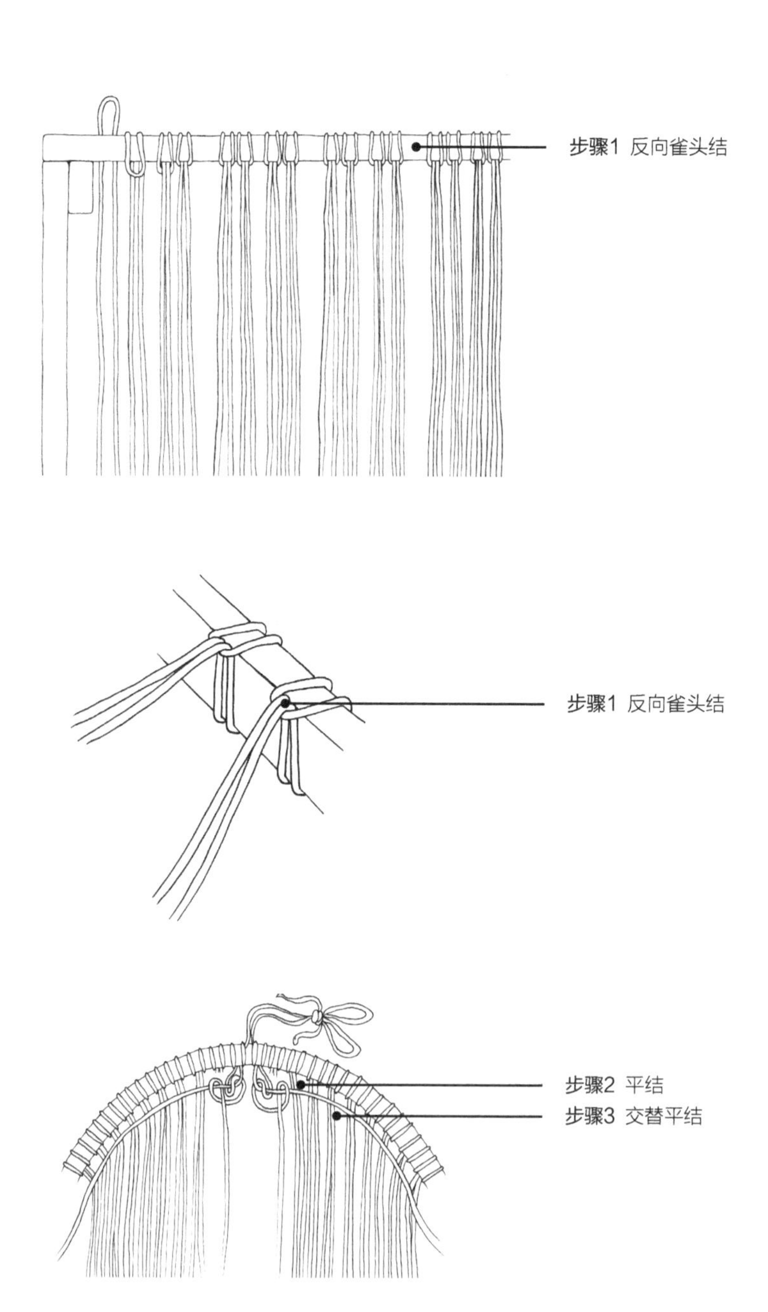

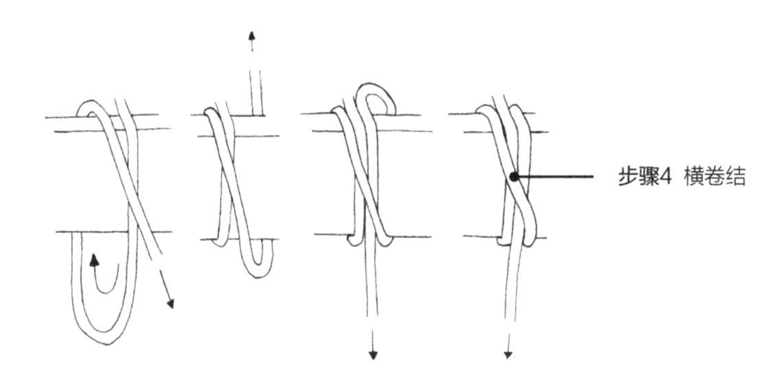
步骤4 横卷结

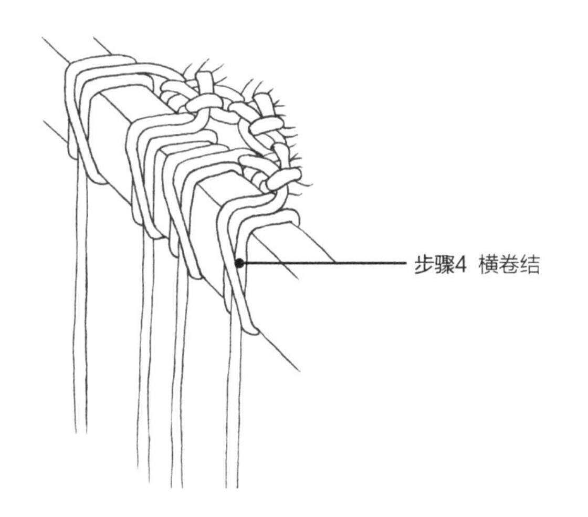
步骤4 横卷结

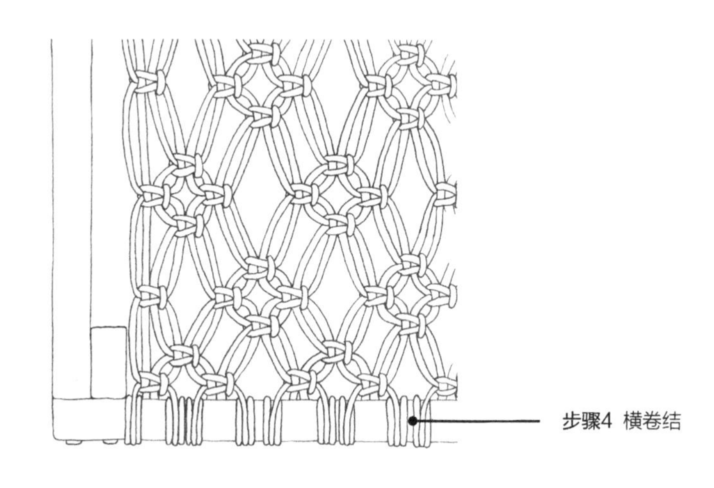
步骤4 横卷结

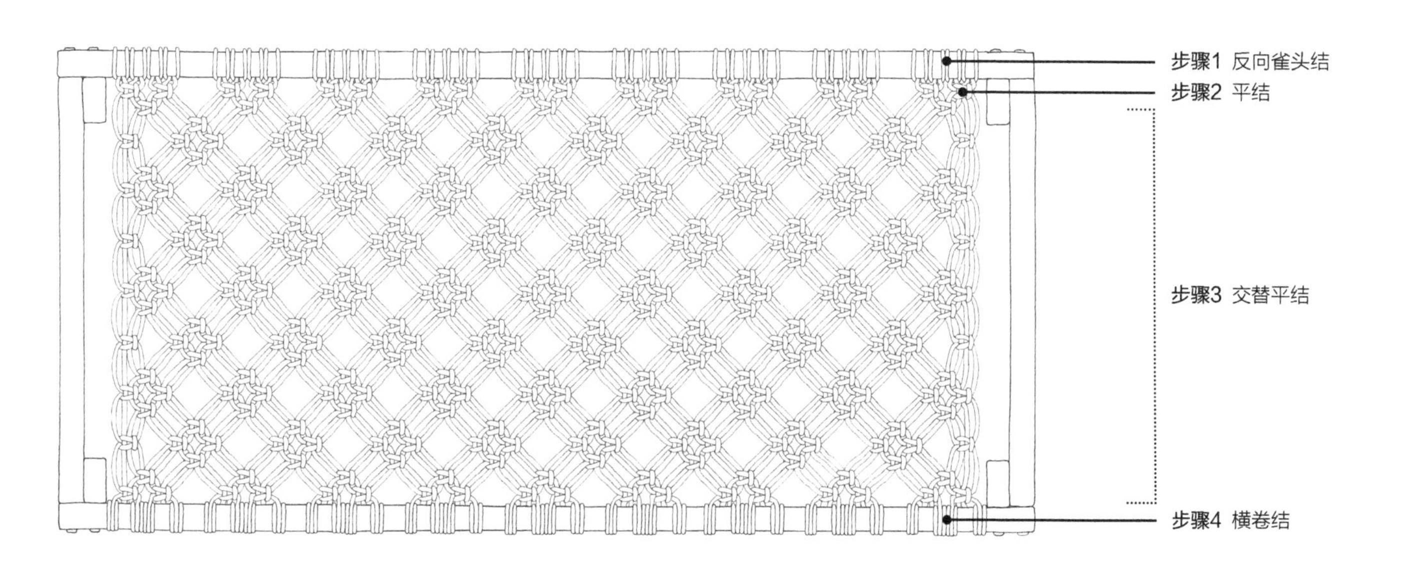
步骤1 反向雀头结
步骤2 平结
步骤3 交替平结
步骤4 横卷结

步骤5

开始制作凳子的正面部分。在框架下面编一排平结，编结时用上一步中编卷结的绳子作为编织绳，用上一步中跳过的绳子作为填充绳，填充绳从框架的后方绕过来。

步骤6

再编两排交替平结。

步骤7

将所有的绳子分成4组，编4个蝴蝶图案。蝴蝶图案的具体制作方法参考26页的说明。

步骤8

最后再编三排交替平结，完成凳子的正面部分。

步骤9

制作凳子的侧面部分。用雀头结将所有2m长的绳子系在凳子侧面的绳子上，如下图所示。

步骤10

按照步骤4的方法，将框架作为“填充绳”。用第1根绳子围绕框架编一个横卷结。剩余的绳子重复跳过2根绳子，编2个卷结，直到编完整排。

步骤11

在框架下面编一排平结。编结时用上一步中编卷结的绳子作为编织绳，用上一步中跳过的绳子作为填充绳，填充绳从框架的后方绕过来。

步骤12

编第二排交替平结。先跳过2根绳子编1个交替平结，然后跳过4根绳子，编1个交替平结，重复直到编完整排。参照下面的图示继续完成凳子侧面部分剩下的图案。

步骤13

将绳子末端修剪成相同的长度，制作完成。

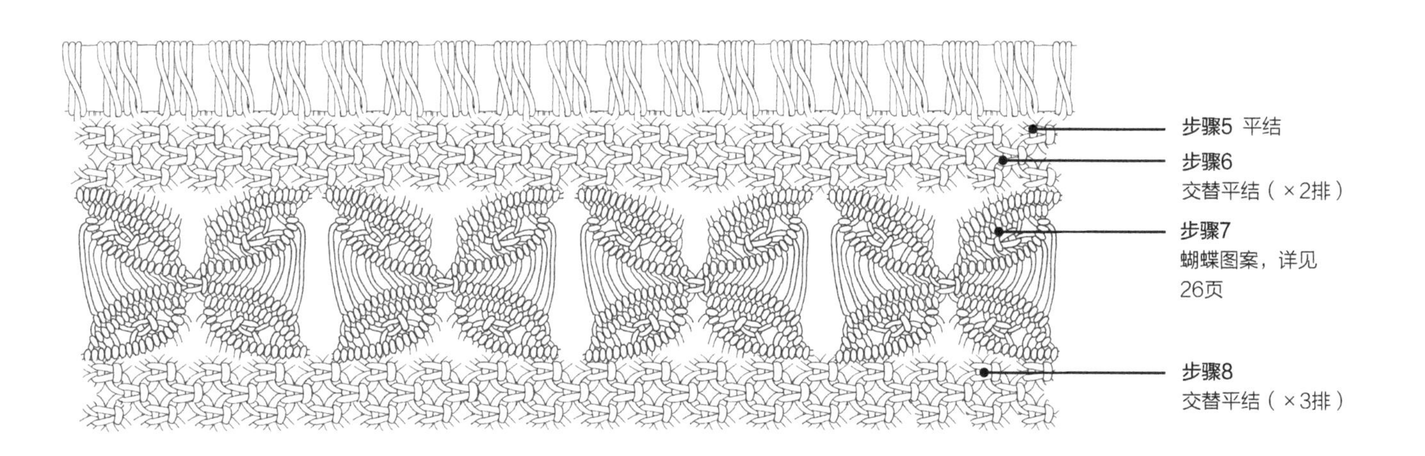

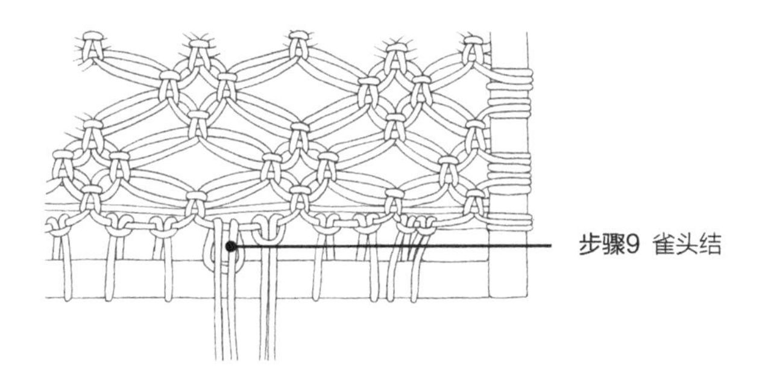

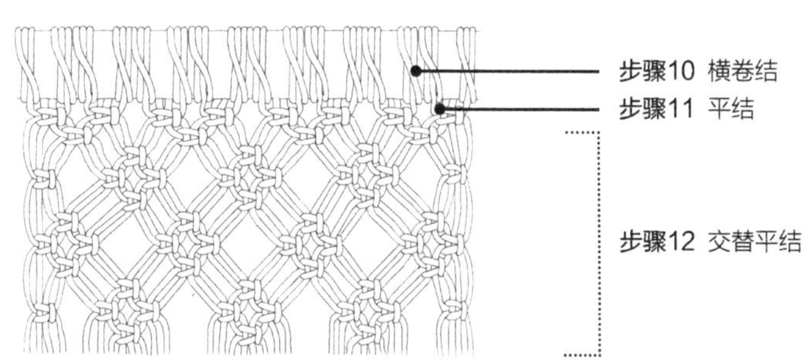

术语表

编绳

当2个或更多相同的绳结按顺序排列就形成了一条编绳。例如，重复编5个平结，就得到了一条包含5个平结的平结编绳。

编织绳

用于打结的活动绳，与填充绳相对。

填充绳

在绳结中起支撑作用的绳子，绳结是围绕着填充绳来制作的。填充绳不用于打结。

连接绳

连接绳是指将作品不同部分连接在一起的绳子。连接绳介于两个分开的结之间，既可以是编织绳，也可以是填充绳。

支撑绳

代替棍子或者树枝作为支撑物，编织绳系于其上。

支撑杆

在编结工艺中，支撑杆用来支撑整个作品，绳子都系在支撑杆上。支撑杆最常用于壁挂作品中。

股

股是对于绳子、细线、粗绳及布条绳作为编织用绳的一种计量单位。

固定结

将绳子固定在其他物体上的一种结，比如雀头结。

花边环

顺着编织用绳的边缘形成的装饰性小环。

流苏

在绳编工艺中，流苏是指成品最底部下垂的穗子，这部分绳子长而蓬松。

排

本书中，排是指一系列绳结依次排列在同一水平线上。

绳辫

绳辫是由3股或者更多绳子互相编织而成的，而不是通过打结形成的绳编结构。

束

束是指把一组绳子归拢在一起，既便于在编结过程中分组使用，也便于在绳子尾端做出统一的装饰性收尾。

网状结构

当编织交替绳结时，网状结构自然而然就会出现。盆栽吊篮通常都含有网状结构（经常使用交替平结制作），以便容纳植物容器。

斜线

在本书中，斜线是指一条斜向编出的结。这条斜线或者是由斜卷结编成，或者是由交替平结编成。

主要区域

主要区域是随着编结过程形成的成品的主要部分，也称为主体。

主体

本书中主体是指一件绳编作品的主要部分，也被称作主要区域。

交替

在绳编结工艺里，交替是指将填充绳和编织绳互换使用。例如在编交替平结时，第一排的填充绳在编第二排时将会被用作编织绳，同时第一排的编织绳在第二排时将会成为填充绳。

磨损处理

将组成绳子的线分散开，可以在作品末端做出一种蓬松饱满的装饰效果。

感谢

如果没有身边人的鼎力支持，这本书就不可能完成。他们用不同的方式给予了我巨大的帮助。

毋庸置疑，最值得感谢的那个人就是我的搭档和挚爱——西蒙，他也是让本书成为现实的起到最关键作用的那个人。西蒙，感谢你的无私和耐心，感谢你为我做的每一顿饭，感谢你在我怀疑自己时的安慰，感谢你不断坚持让我相信自己的能力，感谢你促使我去完成并完成得更好。感谢你每一次放下自己手中的事过来帮我检查文字，帮我剪绳子，帮我处理绳尾，甚至和我一起编织。若是没有你，我根本不可能完成这本书。

我也要感谢支持我的父母，他们比我自己更加坚信于我的手工艺事业。感谢你们为我投入的时间和金钱，使我能够追求自己热爱的事业。你们一如既往的支持永远是我的无价之宝。

如果没有方正舞曲（Quadrille）出版社的Harriet，也不会有这本书的出版。她策划了这本书，并给我提供许多帮助。Harriet，感谢你为我提供了宝贵建议，感谢你辛勤工作帮助我将资料整合在一起。感谢你相信我的能力，帮助我实现梦想。

还有许多需要感激的人，他们在我完成本书时不断给予我支持。即使在我埋头于这本书中完全消失的那段时间里，我的朋友们也一直给予我爱和关心。我的前老板Petra非常包容，无论是我的欣喜若狂还是受挫失望，她总是为我打气加油。在这本书的创作初期，Anders为我提供了许多重要的建议和信息。Claire、Kim 和 Vanessa在这本书的排版、装帧设计上花费了许多工夫。还有热情好客的Alice和她的家人，当我在澳大利亚旅行时，他们为我提供了一个能够安心工作的场所。

在这个时代，社交媒体对我们的生活有着重大并且难以预测的影响。正是由于照片墙（Instagram，一款社交app），我才能够发现绳编工艺，并将这份热爱分享给其他人。感谢照片墙成为很多人的灵感源泉，感谢它为这样一群寻找创意的人提供平台，在这里我们收获了全世界的爱与支持。

最后，我想要感谢照片墙上的所有关注者。是你们的鼓舞启发我不断探索绳编工艺，开设自己的店铺，教授绳编工艺的课程，并最终完成了这本书。从我注册账号的那一天开始，你们的爱与支持就是那么强大有力，我非常感谢你们！这本书正是献给你们的。